新形态立体化精

Animate
动画设计
教程
Animate CC 2018
微课版

曾凡涛 / 主编　李鑫 陈君 吴锦传 刘宜奎 / 副主编

人民邮电出版社

北京

图书在版编目（CIP）数据

Animate动画设计教程：Animate CC 2018：微课版/
曾凡涛主编. -- 北京：人民邮电出版社，2022.7
新形态立体化精品系列教材
ISBN 978-7-115-57912-6

Ⅰ．①A… Ⅱ．①曾… Ⅲ．①动画制作软件－教材
Ⅳ．①TP391.414

中国版本图书馆CIP数据核字(2021)第236436号

内 容 提 要

本书采用项目教学法，主要讲解了 Animate 的基础知识，绘制与编辑图形，添加与编辑文本，使用元件与素材，制作基本、高级动画，添加音频和视频，制作脚本与组件动画，优化、发布与导出动画等内容。本书最后还安排了综合案例，进一步提高学生对知识的应用能力。

本书由浅入深、循序渐进，首先采用情景导入式讲解软件知识，然后通过"实训"和"课后练习"加强学生对学习内容的训练，最后通过"技巧提升"来提升学生的综合学习能力。全书通过大量的案例和练习，着重培养学生的实际应用能力，并将职业场景引入课堂教学，让学生提前进入工作角色。

本书适合作为高等院校、职业院校"动画设计"课程的教材，也可作为各类社会培训学校相关专业的教材，还可供动画制作爱好者自学使用。

◆ 主　编　曾凡涛

副主编　李　鑫　陈　君　吴锦传　刘宜奎

责任编辑　马小霞

责任印制　王　郁　焦志炜

◆ 人民邮电出版社出版发行　　　北京市丰台区成寿寺路 11 号

邮编　100164　电子邮件　315@ptpress.com.cn

网址　https://www.ptpress.com.cn

北京隆昌伟业印刷有限公司印刷

◆ 开本：787×1092　1/16

印张：15　　　　　　　　　　2022 年 7 月第 1 版

字数：363 千字　　　　　　　2022 年 7 月北京第 1 次印刷

定价：59.80 元

读者服务热线：(010)81055256　印装质量热线：(010)81055316
反盗版热线：(010)81055315
广告经营许可证：京东市监广登字 20170147 号

前言 PREFACE

　　根据现代教学的需要，我们组织了一批优秀的、具有丰富教学经验和实践经验的作者团队编写了本套"新形态立体化精品系列教材"。

　　教材进入学校已有4年多的时间，在这段时间里，我们很庆幸这套教材能够帮助老师授课，得到广大老师的认可；同时我们更加庆幸，许多老师给我们提出了宝贵建议。为了让本套教材更好地服务于广大师生，我们根据一线教师的建议，开始着手教材的改版工作。考虑到动画制作软件Flash于2016年发布新版本时已更名为"Animate CC"，而Animate CC拥有大量的新特性，特别是在继续支持Flash SWF、AIR格式的同时，还支持HTML5 Canvas、WebGL，并能通过可扩展架构支持包括SVG在内的任何动画格式，因此我们编写了本书。本书采用Animate CC 2018版本，在教学方法、教学内容、平台支撑和教学资源4个方面体现出了自己的特色，更能满足现代教学需求。

教学方法

　　本书采用"情景导入→任务目标→相关知识→任务实施→实训→课后练习→技巧提升"的结构，将职业场景、软件知识、行业知识有机整合，各个环节环环相扣，浑然一体。

- **情景导入**：本书以日常办公中的场景展开，以主人公的实习情景模式为例引入各项目教学主题，并将其贯穿于课堂案例的讲解中，让学生了解相关知识点在实际工作中的应用情况。教材中设置的主人公如下。

  米拉：职场新进人员，昵称小米。

  洪钧威：人称老洪，米拉的上司兼职场的引入者。
- **任务目标**：对本项目中的任务提出明确的制作要求，并提供最终效果图。
- **相关知识**：帮助学生梳理基本知识和技能，为后面实际操作打下基础。
- **任务实施**：通过操作并结合相关基础知识的讲解来完成任务的制作，讲解过程中穿插有"知识提示"小栏目。
- **实训**：结合课堂案例讲解的知识点和实际工作的需要进行综合训练。训练注重学生的自我总结和学习，因此在项目实训中，我们只提供适当的操作思路及步骤提示供参考，要求学生独立完成操作，充分训练学生的动手能力。
- **课后练习**：结合各章内容给出难度适中的上机操作题，让学生强化和巩固所学知识。
- **技巧提升**：以各项目案例涉及的知识为主线，深入讲解软件的加深知识，让学生可以便捷地操作软件，或者学到软件的更多高级功能。

教学内容

　　本书的教学目标是循序渐进地帮助学生掌握使用Animate制作动画，具体包括掌握Animate动画的基础知识、Animate基本动画的制作、Animate高级动画的制作及Animate动画后期的操作等。全书共10个项目，可分为以下5个方面的内容。

- **项目一～项目三**：主要讲解Animate动画的基础知识，包括认识Animate动画、绘制与编辑图形、添加与编辑文本等知识。
- **项目四～项目五**：主要讲解Animate基本动画的制作，包括使用元件与素材、制作基本动画等知识。
- **项目六～项目八**：主要讲解Animate高级动画的制作，包括制作高级动画、添加音频和视频、制作脚本与组件动画等知识。
- **项目九**：主要讲解Animate动画后期的操作，包括优化、发布与导出动画等。
- **项目十**：以制作网站进入动画和打地鼠游戏为例，进行综合训练。

特点特色

本书旨在帮助学生循序渐进掌握Animate的相关应用，并能在完成案例的过程中融会贯通，本书具有以下特点。

（1）立德树人，融入思政

本书精心设计，因势利导，依据专业课程的特点采取了恰当方式自然融入中华传统文化、科学精神和爱国情怀等元素，注重挖掘其中的思政教育要素，弘扬精益求精的专业精神、职业精神和工匠精神，培养学生的创新意识，将"为学"和"为人"相结合。

（2）校企合作，双元开发

本书由学校教师和企业工程师共同开发。由企业提供真实项目案例，由常年深耕教学一线，有丰富教学经验的教师执笔，将项目实践与理论知识相结合，体现了"做中学，做中教"等职业教育理念，保证了教材的职教特色。

（3）项目驱动，产教融合

本书精选企业真实案例，将实际工作过程真实再现到本书中，在教学过程中培养学生的项目开发能力。以项目驱动的方式展开知识介绍，提升学生学习和认知的热情。

平台支撑

人民邮电出版社充分发挥在线教育方面的技术优势、内容优势、人才优势，潜心研究，为读者提供一种"纸质图书+在线课程"相配套，全方位学习Animate软件的解决方案。读者可根据个人需求，利用图书和"微课云课堂"平台的在线课程进行碎片化、移动化学习，以便快速、全面地掌握Animate软件及与之相关联的其他软件。

扫描封面上的二维码或者直接登录"微课云课堂"（www.ryweike.com）→用手机号码注册→在用户中心输入本书激活码（f06afdc2，其中0为数字），将本书包含的微课资源添加到个人账户，获取永久在线观看本课程微课视频的权限。

教学资源

本书的教学资源包括以下几个方面的内容。

- **素材文件与效果文件**：包含图书实例涉及的素材与效果文件。
- **模拟试题库**：包含丰富的关于Animate动画制作的相关试题，读者可自动组合出不同的试卷进行测试。
- **PPT课件和教学教案**：包括PPT课件和Word文档格式的教学教案，以便老师顺利开展教学工作。

● **拓展资源**：包含Animate教学素材和模板、教学演示动画等。

　　特别提醒：上述教学资源可访问人民邮电出版社人邮教育社区（http://www.ryjiaoyu.com/）搜索书名下载，或者发电子邮件至dxbook@qq.com索取。

　　本书涉及的所有案例、实训、重要知识点都提供了二维码，只需要用手机扫描即可查看对应的操作演示，以及知识点的讲解内容，方便学生灵活运用碎片时间即时学习。

　　本书由曾凡涛任主编，李鑫、陈君、吴锦传、刘宜奎任副主编。虽然编者在编写本书的过程中倾注了大量心血，但恐百密之中仍有疏漏，恳请广大读者不吝赐教。

编　者

2022 年 1 月

目录 CONTENTS

项目一
走进Animate动画世界

情景导入

　　米拉非常喜欢网络上的各种动画，也想自己制作一个动画作品，于是向一位高手——老洪请教。老洪对米拉说："这些动画很多都是通过Animate制作的，我正好对Animate有研究，既然你想学，我就教你吧！"米拉听后非常兴奋，开始跟着老洪学习Animate。

学习目标

- 了解Animate动画的基本知识。
  包括了解Animate动画设计的优势、Animate动画的应用领域、Animate动画的文件类型、Animate动画的制作流程。

- 认识Animate CC 2018。
  包括了解Animate CC 2018的工作界面，掌握Animate CC 2018动画文件的基本操作。

思政元素

传统文化　科学精神

案例展示

▲ "宠物相册"动画

▲ "豹子奔跑"动画

任务一　认识Animate动画

老洪告诉米拉，Animate是美国Adobe公司推出的专业二维动画制作软件，其前身为大名鼎鼎的Flash。由于Flash已经逐渐被淘汰，并且随着新的网页动画制作技术——HTML5的兴起，Adobe公司对Flash进行了很多改进，并改名为Animate，除了可以制作原有的以ActionScript 3.0为脚本的SWF格式的动画外，还可以制作以JavaScript为脚本的HTML5 Canvas和WebGL格式的动画。这两种动画格式不需要安装任何插件，即可在各种浏览器中运行。

一、任务目标

练习打开Animate CC 2018文件并发布。使用Animate CC 2018打开一个Animate源文件，简单预览后将其发布为HTML网页文件。通过本任务的学习，可以掌握Animate CC 2018的启动与发布操作。本任务制作完成后的最终效果如图1-1所示。

素材所在位置　素材文件\项目一\任务一\宠物相册.fla
效果所在位置　效果文件\项目一\任务一\宠物相册.html

微课视频
效果预览

图1-1　"宠物相册"动画效果

二、相关知识

Animate动画具有什么魅力，使它成为众多动画爱好者的选择呢？在学习Animate软件前，先介绍Animate动画设计的优势、应用领域、文件类型和制作流程等基础知识。

（一）Animate动画设计的优势

Animate动画是一种交互式的多媒体动画形式，其之所以受到广大动画爱好者的喜爱，主要有以下6方面原因。

- Animate动画一般由矢量图形制作而成，无论将其放大多少倍都不会失真，且动画文件较小，利于传播，因此无论是在计算机、平板电脑还是手机等设备上播放Animate动画，都可以获得非常好的画质与动画效果。

- Animate动画具有交互性，即用户可以通过单击、选择、输入或按键等方式与Animate动画交互，从而控制动画的运行过程与结果，这一点是传统动画无法比拟的，也是很多游戏开发者，甚至很多网站使用Animate制作动画的原因。

- Animate动画制作的成本低，能够大大减少人力、物力资源的消耗，同时节省制作时间。

- Animate动画采用先进的"流"式播放技术，用户可以边下载边观看，完全适应当前网络的需要。另外，在Animate的脚本中加入等待程序，可以在动画下载完毕再观看，从而解决了Animate动画下载速度慢的问题。

- Animate支持多种文件格式的导入，除了可以导入图片外，还可以导入视频、声音等。可导入的图片及视频格式非常多，如JPG、PNG、GIF、AI、PSD、DXF等，其中，导入AI、PSD等格式的图片时，还可以保留矢量元素及图层信息。

- Animate的导出功能也非常强大，不仅可以输出HTML网页格式，还可以输出SWF、AVI、GIF、MOV、EXE等多种文件格式。通过Animate的导出功能，可以将Animate作品导出为多种版本，如导出为HTML网页格式，再将其放到互联网上，就可以通过网络观看Animate动画，或将Animate动画导出为GIF动画格式，然后发到QQ群中，这样QQ好友们就可以观看动画了。

（二）Animate动画的应用领域

Animate软件可以实现多种动画特效，这些动画特效是由一帧帧的静态图片在短时间内连续播放产生的视觉效果。Animate动画的应用领域主要有动态网站、网站动画、HTML5游戏、网络广告、MV、产品展示、教学课件等。

1. 动态网站

使用Animate可制作出动态的网站，相对于其他软件，Animate在交互、画面表现力及对音效的支持力度方面都要更胜一筹。图1-2所示为使用Animate制作的动态网站。

图1-2 动态网站

2. 网站动画

Animate动画文件小，可以在不明显延长网站加载时间的情况下，将网站的主题和风格等以动画的形式展现给网站访问者，给访问者留下深刻的印象，达到宣传网站的目的。图1-3所示为网站的片头动画。

3. HTML5游戏

现在很多网站都提供了HTML5在线游戏。使用Animate也可以开发制作HTML5游戏，由于其操作简单、画面美观，越来越受众多用户的喜爱。图1-4所示为HTML5游戏的截图。

图1-3　网站动画

图1-4　HTML5游戏

4. 网络广告

网络中的各种页面广告都可以使用Animate制作。使用Animate制作广告不仅有利于在网络中传输，将其导出为视频格式，还能在传统的电视媒体上播放，满足多平台播放要求。图1-5所示为某广告的效果图。

5. MV

MV也是Animate应用较多的领域，如图1-6所示。在一些Animate技术网站中，几乎每周都有新的MV作品产生。

图1-5　广告

图1-6　MV

6. 产品展示

Animate拥有强大的交互功能，因此可以使用Animate来展示产品。浏览者可以直接通过鼠标或键盘选择观看产品的功能，Animate互动的展示比传统的展示更胜一筹，如图1-7所示。

7. 教学课件

使用Animate制作的教学课件，不仅可以方便地在师生间传播，还可以将知识生动形象地以动画的形式展现给学生。图1-8所示为使用Animate制作的教学课件。

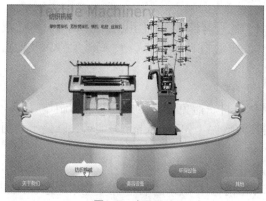

图1-7 产品展示

图1-8 教学课件

（三）Animate动画文件类型

Animate 提供了多种动画文件类型，以应对各种不同的播放环境，包括 HTML5 Canvas、WebGL、ActionScript 3.0、AIR for Desktop、AIR for Android 和 AIR for iOS 6 种，各类型的区别如表 1-1 所示。

表 1-1 Animate 动画文件类型的区别

动画文件类型	脚本语言	运行环境	发布后的文件格式
HTML5 Canvas	JavaScript、createJS 库	跨平台、支持 HTML5 的浏览器	html、js、png 等
WebGL	JavaScript	跨平台、网页服务器、浏览器	html、js、png 等
ActionScript 3.0	ActionScript 3.0	跨平台、FlashPlayer	swf
AIR for Desktop	ActionScript 3.0、AIR 库	Windows 操作系统，需安装	exe
AIR for Android	ActionScript 3.0、AIR 库	Android 操作系统，需安装	apk
AIR for iOS	ActionScript 3.0、AIR 库	iOS 操作系统，需安装	ipa

知识提示

动画文件类型的选择

ActionScript 3.0 文件类型是以前 Flash 制作动画时最常用的文件类型，但由于智能手机都不支持 Flash，以及浏览器正在逐渐放弃支持 FlashPlayer，所以它已不再是 Animate 的重点。WebGL 类型的动画必须放置在网页服务器中，在本地不能直接播放。AIR for Desktop、AIR for Android、AIR for iOS 这 3 种类型必须安装在对应的操作系统中，主要用来制作多媒体应用程序，如无特别需要，一般也不会选择。而因为用 HTML5 Canvas 类型发布出来的文件采用目前非常流行的网页动画技术——HTML5，所以目前主要选择 HTML5 Canvas 类型来制作动画。（本书如无特别说明，动画文件的类型均为 HTML5 Canvas。）

（四）动画制作流程

在制作动画前，需要精心策划该动画的每一个画面，然后根据策划一步一步完成动画。动画制作流程一般可分为以下几步。

1．前期策划

在制作动画前，应明确制作动画的目的，针对的顾客群，动画的风格、色调等，然后根据顾客的需求制作一套完整的设计方案，并具体安排动画中出现的人物、背景、音乐及动画剧情的设计等要素，以方便搜集素材。

2．搜集素材

在搜集素材文件时，要有针对性地搜集具体素材，避免盲目搜集，以节省制作时间。搜集好素材后，可以将素材按一定的要求使用其他软件（如Photoshop）编辑，以便于动画的制作。

3．制作动画

制作动画是创建Animate作品最重要的一步，由于制作出来的动态效果直接决定Animate作品的成功与否，所以在制作动画时要注意动画的每一个环节，要随时预览动画，以便及时观察动画效果，发现和处理动画中的不足，并及时调整与修改。

4．后期调试与优化

动画制作完毕，应对动画进行全方位的调试，调试的目的是使整个动画更加流畅、紧凑，且按期望的效果播放。调试动画主要是针对动画对象的细节、分镜头和动画片段的衔接、声音与动画播放是否同步等进行调整，以保证动画作品的最终效果与质量。

5．测试动画

动画制作完成并调试优化后，应对动画的播放及下载等进行测试，因为每个用户的计算机软、硬件配置都不相同，所以尽量在不同配置的计算机上测试动画，然后根据测试结果对动画进行调整和修改，使其在不同配置的计算机上均有很好的播放效果。

6．发布动画

发布动画是Animate动画制作流程的最后一步，用户可以设置动画的格式、画面品质和声音等。在发布动画时，应根据动画的用途、使用环境等进行设置，而不是一味地追求较高的画面质量、声音品质，另外，还要避免增加不必要的文件而影响动画的传输。

三、任务实施

（一）打开Animate文件

安装Animate CC 2018后，可以直接双击存储在计算机中的Animate源文件（扩展名为fla），启动Animate CC 2018并打开Animate文件。另外，也可以先启动Animate CC 2018软件，再通过选择菜单命令的方式打开Animate文件。启动Animate CC 2018可以通过"开始"菜单来实现，具体操作如下。

（1）选择【开始】/【Adobe Animate CC 2018】菜单命令，启动Adobe Animate CC 2018程序，如图1-9所示。

（2）选择【文件】/【打开】菜单命令，如图1-10所示，或在欢迎屏幕的"打开最近的项目"栏中选择"打开"选项。

（3）打开"打开"对话框，在"查找范围"下拉列表框的文件列表中选择要打开的Animate文件，单击"打开"按钮，如图1-11所示。

（4）打开Animate文件后的效果如图1-12所示。

图1-9　启动Animate CC 2018

图1-10　选择【文件】/【打开】菜单命令

图1-11　选择并打开Animate文件

图1-12　打开的Animate文件

（二）预览与发布动画

打开Animate文件后，可以先预览动画效果，再将其发布，具体操作如下。

微课视频

预览与发布动画

（1）打开Animate文件后，按【Enter】键可预览动画效果（单帧或脚本动画采用此方法无法预览）。图1-13所示为部分动画效果画面，该动画效果是一张宠物照片从画面左侧移动到画面中间，并逐渐增加照片的不透明度。

图1-13　预览动画效果1

7

（2）如果是脚本动画，则可选择【控制】/【测试】菜单命令，Animate将启动系统默认的浏览器进行预览，如图1-14所示。

（3）选择【文件】/【发布】菜单命令发布动画，默认保存路径与fla文件一致，打开保存发布文件的文件夹可看到动画发布后生成的"宠物相册.html"文件、"宠物相册.js"文件和"images"文件夹，如图1-15所示。

图1-14　预览动画效果2　　　　　　　　　图1-15　发布后的动画

任务二　制作"豹子奔跑"动画

老洪告诉米拉，人眼在看到的物像消失后，仍可暂时保留视觉的印象。视觉印象在人眼中大约可保持0.1 s。如果两个视觉印象之间的时间间隔不超过0.1 s，前一个视觉印象尚未消失，后一个视觉印象已经产生，并与前一个视觉印象融合在一起，就形成了视觉残（暂）留现象。利用视觉残留现象，事先将一幅幅有序的画面通过一定的速度连续播放即可形成动画效果。下面以制作豹子奔跑动画为例，讲解Animate动画的原理。

素材所在位置　素材文件\项目一\任务二\豹子奔跑.gif

效果所在位置　效果文件\项目一\任务二\豹子奔跑.fla、豹子奔跑.html

一、任务目标

新建一个Animate文件，并导入一张GIF动画图片，设置Animate文件的属性，最后保存这个Animate文件并发布动画。通过本任务的学习，可以掌握将GIF动画转换为Animate动画的方法，了解Animate动画的基本制作流程。本任务制作完成后的动画效果如图1-16所示。

图1-16　豹子奔跑动画

二、相关知识

本任务中的上色操作主要通过"颜色"面板、"样本"面板、颜料桶工具等来实现。下面先介绍这些工具的使用方法。

（一）Animate CC 2018的工作界面

Animate CC 2018的工作界面主要由菜单栏、面板和场景等组成，如图1-17所示。

图1-17　Animate CC 2018的工作界面

1. 菜单栏

Animate CC 2018的菜单栏包括文件、编辑、视图、插入、修改、文本、命令、控制、调试、窗口、帮助11个菜单，在制作Animate动画时，执行相应菜单中的命令，可实现特定的操作，图1-18所示为执行在时间轴中插入帧的操作。

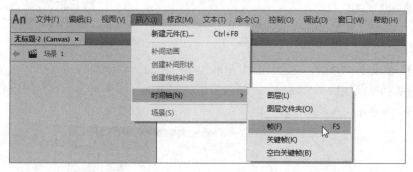

图1-18　菜单栏

2. 面板

Animate CC 2018提供了众多人性化的操作面板，常用的面板包括"时间轴"面板、"工具"面板、"颜色"面板、"属性"面板等，下面分别进行介绍。

● **"时间轴"面板：**"时间轴"面板用于创建动画和控制动画的播放进程。其左侧为图层区，该区域用于控制和管理动画中的图层；右侧为帧控制区，由播放指针、帧、时间轴标尺、时间轴视图等部分组成，如图1-19所示。

图1-19　"时间轴"面板

● **"工具"面板**："工具"面板可以分为"编辑绘图工具""查看工具""颜色设置"和"选项"4个区域。"编辑绘图工具"区域主要用于放置各种绘图工具及编辑工具；"查看工具"区域主要用于放置各种查看类工具；"颜色设置"区域主要用于设置笔触和填充颜色；"选项"区域用于设置当前工具的特殊选项和属性，如图1-20所示。

● **"颜色"面板**："颜色"面板主要用于设置笔触颜色和填充颜色，如图1-21所示。虽然在"工具"面板、"属性"面板等中也可以设置笔触颜色和填充颜色，但更详细、更细致的设置只能在"颜色"面板中进行。

● **"属性"面板**："属性"面板用于设置各种绘制对象、工具及其他元素（如帧）的属性。"属性"面板中没有特定的参数选项，会随着当前选择内容的不同而出现不同的参数。图1-22所示为选择文本工具后的"属性"面板。

图1-20　"工具"面板　　　　图1-21　"颜色"面板　　　　图1-22　"属性"面板

3．"场景"

　　"场景"如图1-23所示，Animate中图形的制作、编辑和动画的创作都必须在场景中进行，且一个动画可以包括多个场景。"场景"中间的矩形区域为舞台，舞台四周为粘贴板，只有舞台中的内容才能在动画中显示出来。

图1-23　"场景"

（二）Animate CC 2018动画文件的基本操作

熟悉Animate CC 2018的工作界面后，即可创建动画文件。在Animate中创建动画文件有多种方法，并且创建文件后还可以设置文件的属性。下面讲解Animate动画文件的基本操作。

1. 创建动画文件

（1）新建空白动画文件

在制作Animate动画前通常需要新建一个空白动画文件，其操作方法有以下两种。

● 在启动界面的"新建"栏中选择一种动画类型，即可新建该类型的动画文件，如选择"HTML5 Canvas"选项。

● 选择【文件】/【新建】菜单命令，或按【Ctrl+N】组合键，打开"新建文件"对话框。在该对话框的"常规"选项卡中选择一种动画类型，然后单击"确定"按钮即可。

> **知识提示**
>
> **转换动画类型**
>
> Animate 的各种动画类型之间可以相互转换，选择【文件】/【转换为】菜单命令，在弹出的子菜单中选择需要转换为的动画类型即可。

（2）创建模板文件

创建基于模板的动画文件，需选择【文件】/【新建】菜单命令，在打开的对话框中单击"模板"选项卡，在"类别"列表框中选择模板类型，在"模板"列表框中选择一个范例，然后单击"确定"按钮即可，如图1-24所示。

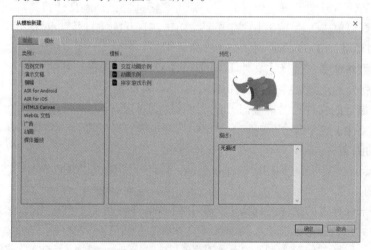

图1-24 创建模板文件

2. 设置文件属性

新建好动画文件后，在文件"属性"面板中的"属性"栏中可以设置动画文件的帧频、舞台大小和背景颜色等属性，如图1-25所示。

● **设置帧频**：帧频（frame rate）是指每秒放映或显示的帧或图像的数量，即每秒需要播放多少张画面。修改"FPS"后的数字即可修改帧频，若选中"缩放帧间距"复选框，则时间轴中动画的持续时间保持不变，否则时间轴中动画的帧数保持不变。

- **设置舞台大小**：修改"大小"栏中的"宽""高"数值可修改舞台的宽度和高度。单击按钮，可将宽度和高度锁定，使宽度和高度等比例缩放。选中"缩放内容"复选框，可使舞台中的内容跟随舞台一同缩放。单击"高级设置"按钮，在打开的"文档设置"对话框中可以进行更多设置，如图1-26所示。
- **设置背景颜色**：单击"舞台"后的色块，在打开的"色板"面板中可以设置舞台的背景颜色，选中"应用于粘贴板"复选框，可使粘贴板的颜色与舞台相同。

图1-25　文件的"属性"面板

图1-26　"文档设置"对话框

3. 打开动画文件

在Animate中可通过以下几种方法打开制作好的动画文件。

- **双击Animate文件**：在动画文件的保存位置直接双击Animate文件，即可将其打开。
- **利用欢迎屏幕**：欢迎屏幕的"打开最近的项目"栏中列出了最近打开过的动画文件，若需打开的动画文件在此列，则可直接选择该动画文件将其打开；若其不在此列，则可单击该栏下方的"打开"按钮，在打开的"打开"对话框中选择该动画文件，将其打开。
- **利用菜单命令**：选择【文件】/【打开】菜单命令，在打开的"打开"对话框中选择要打开的动画文件，将其打开。
- **打开最近的文件**：若需要打开的文件最近被打开过，则可选择【文件】/【打开最近的文件】菜单命令，在其子菜单中选择需要打开的文件，将其打开。

4. 保存动画文件

在制作Animate动画的过程中需要保存文件，以防止断电或程序意外关闭造成损失，使之前的工作付诸东流。

- **保存未保存过的文件**：选择【文件】/【保存】菜单命令或按【Ctrl+S】组合键，打开"另存为"对话框。在其中选择文件保存位置，在"文件名"文本框中输入文件名称，保持"保存类型"文本框中默认的"Animate文档（*.fla）"不变，单击"保存"按钮即可保存文件。
- **保存已保存过的文件**：对于已经保存过的文件，选择【文件】/【保存】菜单命令或按【Ctrl+S】组合键后，直接覆盖原文件保存。
- **另存为文件**：如果将文件换个名字保存或保存到其他位置，可以选择【文件】/【另存为】菜单命令或按【Ctrl+Shift+S】组合键，在打开的"另存为"对话框中修改文件名称或选择其他保存位置，然后单击"保存"按钮即可。

微课视频

新建 Animate 文件

三、任务实施

（一）新建Animate文件

选择【文件】/【新建】菜单命令或按【Ctrl+N】组合键，或在欢迎屏幕的"新建"栏中选择"新建"选项，均可新建Animate文件。下面以选择【文件】/【新建】菜单命令新建Animate文件为例进行介绍，具体操作如下。

（1）启动Animate CC 2018，选择【文件】/【新建】菜单命令，在打开的对话框中选择要创建的Animate文件类型，单击"确定"按钮，完成Animate文件的创建，如图1-27所示。

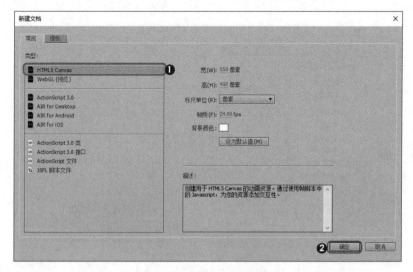

图1-27　新建Animate文件

（2）选择【修改】/【文档】菜单命令或按【Ctrl+J】组合键或在舞台中单击鼠标右键，在弹出的快捷菜单中选择"文档属性"菜单命令，打开"文档设置"对话框。设置舞台大小的宽为480像素，高为200像素，帧频为12，单击"确定"按钮，如图1-28所示。

（3）选择【文件】/【保存】菜单命令或按【Ctrl+S】组合键，打开"另存为"对话框，在其中选择文件的保存位置，在"文件名"下拉列表中输入文件名称，最后单击"保存"按钮完成文件的保存，如图1-29所示。

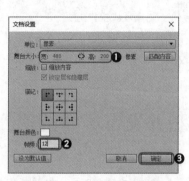

图1-28　"文档设置"对话框

图1-29　"另存为"对话框

（二）制作与预览Animate动画

在创建好的Animate文件中导入GIF动画文件可快速制作逐帧动画。被导入的GIF动画或图像序列自动以逐帧的方式添加，效果相当于快速并连续地播放这些图像从而形成流畅的动画。

微课视频

制作与预览 Animate
动画

下面导入一个GIF文件，并预览和发布，具体操作如下。

（1）选择【文件】/【导入】/【导入到舞台】菜单命令或按【Ctrl+R】组合键，打开"导入"对话框，在"查找范围"下拉列表中选择图片的保存位置，在文件列表框中选择需要导入的GIF动画文件，然后单击"打开"按钮，如图1-30所示。

图1-30　导入GIF动画文件

（2）GIF文件中的每一帧被同步添加到时间轴中，按【Enter】键预览，同时"时间轴"面板中的指针也会跟着移动，如图1-31所示。

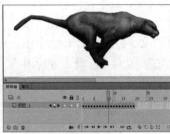

图1-31　预览动画

（3）按【Ctrl+S】组合键保存Animate文件，选择【文件】/【发布】菜单命令或按【Alt+Shift+ F12】组合键完成Animate动画的发布。

实训一　转换"放大镜"动画的类型并发布

【实训要求】

某客户发送来一个"放大镜"动画，其动画类型为ActionScript 3.0，现在需要将其转换为HTML5 Canvas类型，并发布，发布后的效果如图1-32所示。

图1-32 发布"放大镜"动画

素材所在位置 素材文件\项目一\实训一\放大镜.fla
效果所在位置 效果文件\项目一\实训一\放大镜.fla、放大镜.html

【步骤提示】

（1）启动Animate CC 2018，打开"放大镜.fla"文件。

（2）选择【文件】/【转换为】/【HTML5 Canvas】菜单命令，将动画类型转换为HTML5 Canvas类型。

（3）选择【文件】/【发布】菜单命令发布动画。

实训二 调整"宇宙"动画的尺寸大小

【实训要求】

"宇宙.fla"动画文件的尺寸为800像素×600像素，动画内容的四周有很多空白区域。需要去掉空白区域，并将画面尺寸调整为1 024像素×768像素，参考效果如图1-33所示。

素材所在位置 素材文件\项目一\实训二\宇宙.fla
效果所在位置 效果文件\项目一\实训二\宇宙.fla

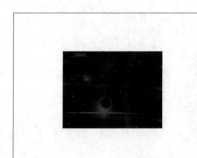

图1-33 调整"宇宙"动画尺寸

【步骤提示】

（1）启动Animate CC 2018，打开"宇宙.fla"文件。

（2）选择【修改】/【文档】菜单命令打开"文档设置"对话框，单击"匹配内容"按钮，再单击"确定"按钮，去掉动画内容四周的空白区域，使文件的大小与动画内容一致。

（3）在"属性"面板中选中"缩放内容"复选框，再将舞台的大小修改为1 024像素×768像素。

课后练习

（1）使用"动画"类别下的"补间形状的动画遮罩层"模板新建一个动画文件，然后将其转换为HTML5 Canvas动画类型，并保存为"金鱼.fla"，效果如图1-34所示。

图1-34 "金鱼"动画效果

 效果所在位置 效果文件\项目一\课后练习\金鱼.fla

（2）使用"HTML5 Canvas"类别下的"动画示例"模板新建一个动画文件，调整动画尺寸大小与内容一致，并将其保存为"大象.fla"，效果如图1-35所示。

图1-35 "大象"动画效果

效果所在位置　效果文件\项目一\课后练习\大象.fla

技巧提升

问：用Animate CC 2018打开用以前版本的Animate制作的动画文件时，为什么在保存时会打开一个兼容性对话框？

答：这是因为Animate CC 2018检测到动画文件版本低于当前版本，所以打开该对话框提示用户升级当前动画文件的版本。通常情况下应选择将版本升级，如果该文件还需用以前版本的Animate编辑，则建议另存修改的动画文件，否则修改后的文件将无法用低版本的Animate打开。

问：如果要将常用的舞台尺寸和背景颜色应用到每一个新建的动画文件，应如何操作？

答：若要将常用的舞台尺寸和背景颜色应用到每个新建的动画文件，可将其设置为Animate的默认值，方法为在"文档属性"对话框中设置要应用的舞台尺寸和背景颜色，然后单击"设为默认值"按钮，如图1-36所示。

问：欢迎屏幕不见了，怎么恢复？

答：在欢迎屏幕中创建与打开文件非常方便，但有时可能因某些原因关闭了欢迎屏幕，此时可选择【编辑】/【首选参数】菜单命令，在打开的"首选参数"对话框中选择"常规"选项，单击"重置所有警告对话框"按钮恢复欢迎屏幕，如图1-37所示。

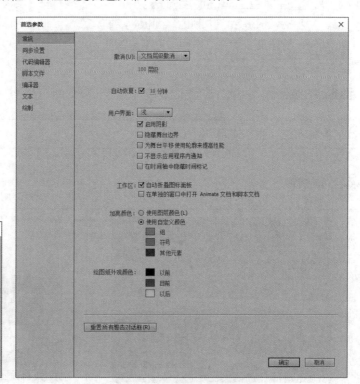

图1-36　设置默认背景颜色及尺寸　　　　图1-37　设置启动时显示欢迎屏幕

项目二
绘制与编辑图形

02

情景导入

在米拉了解了Animate动画的基础知识并掌握了Animate CC 2018的基本操作后,老洪决定让米拉尝试使用绘图与编辑工具制作一些动画场景,为后面的动画制作打下基础。

学习目标

- 掌握绘图工具的使用方法。
  包括使用几何绘图工具、自由绘图工具、选择工具等。
- 掌握填色工具的使用方法。
  包括认识颜色、"颜色"面板、"样本"面板,编辑渐变填充,使用填充工具等。

- 掌握编辑图形的方法。
  包括变形对象、翻转对象、合并对象、组合与分离对象、排列与对齐对象等。

思政元素

文化自信　生态文明

案例展示

▲ "荷塘月色"动画场景

▲ "郊外"动画场景

任务一 绘制卡通小熊图形

老洪告诉米拉，在开始制作动画前，需要先学会绘制各种图形，并将这些图形组合成更加复杂的图形。本任务是绘制一个卡通小熊的Animate动画，其中涉及几何绘图工具和自由绘图工具的使用。

一、任务目标

使用椭圆工具、矩形工具和钢笔工具绘制一只卡通小熊图形并为其填充颜色。通过绘制图形，进一步掌握椭圆工具、矩形工具和钢笔工具的使用方法。本任务制作完成后的最终效果如图2-1所示。

 效果所在位置 效果文件\项目二\任务一\卡通小熊.fla

微课视频

效果预览

图2-1 "卡通小熊"动画效果

二、相关知识

在学习绘制图形前，需要了解图形图像的基础知识，并初步学习各绘图工具的使用方法。

（一）图形图像的基础知识

动画里的人物、场景、动画等对象都是由图形或图像构成的，在开始绘制这些对象之前，需要了解图形图像的基础知识，如图像的像素、分辨率、矢量图、位图等。

1.像素

像素是图像大小的基本单位，是指图像在宽和高两个方向上的像素数目，如一张1 920像素×1 080像素的图片，表示其在宽度方向上有1 920个像素，在高度方向上有1 080个像素。

2.分辨率

这里的分辨率是指图像的分辨率，即图像在每个单位长度上的像素数目，单位主要为ppi（像素每英寸），通常用于屏幕显示的图片的分辨率为72 ppi，用于印刷的图片的分辨率为300 ppi。

> **知识
> 提示**
>
> **屏幕分辨率**
>
> 显示器和手机也有一个分辨率的参数，它指的是显示器和手机的屏幕在宽和高两个方向上能够显示的像素数目。通常分辨率越高，显示的画面越清晰。

3.矢量图

矢量图使用一些方程式描述图像的直线和曲线，并且包括颜色和位置信息。由于是由方程式计算所得的图形，所以矢量图与分辨率无关。也就是说，矢量图可以显示在各种分辨率的输出设备上，丝毫不影响品质，如图2-2所示。

图2-2　矢量图

4.位图

位图使用在单位长度内排列的像素的彩色点来描述图像。在编辑位图时，修改的是像素。位图与分辨率有关，编辑位图可以更改它的外观品质，特别是调整位图的大小会使图像的边缘出现锯齿，如图2-3所示。在比图像本身的分辨率低的输出设备上展示位图，也会降低位图的图像品质。

图2-3　位图

（二）几何绘图工具

在 Animate 中要绘制直线、矩形、椭圆等几何图形时，可以使用几何绘图工具，下面介绍这些工具的使用。

1. **线条工具**

线条工具`\`主要用于绘制各种样式的直线。其基本使用方法为：在"工具"面板中选择线条工具`\`，然后在舞台上拖曳鼠标，即可绘制出直线。

在线条工具的"属性"面板中可以设置线条的颜色、粗细、样式、画笔等属性。

- **设置线条颜色：**使用选择工具`▶`选择绘制好的线条，在"属性"面板中单击"笔触颜色"后面的色块，在打开的"颜色"面板中选择相应的颜色即可改变线条颜色，如图2-4所示。

- **设置线条粗细：**使用选择工具`▶`选择绘制好的线条，在"属性"面板中拖曳"笔触"后面的滑块或在其后的文本框中输入具体数值，即可改变线条粗细，如图2-5所示。

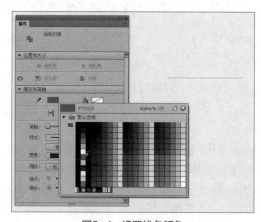
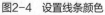

图2-4　设置线条颜色

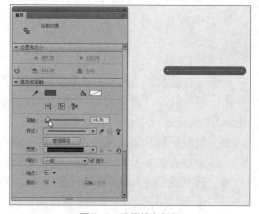

图2-5　设置线条粗细

- **设置线条样式：**在"属性"面板的"样式"下拉列表中选择线条的样式。然后单击后面的"编辑笔触样式"按钮`▣`，在打开的"笔触样式"对话框中进一步设置样式，单击"确定"按钮即可完成线条样式的设置，如图2-6所示。

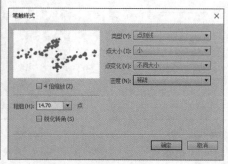
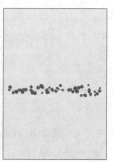

图2-6　设置线条样式

● **设置样式画笔**：单击样式后面的"画笔库"按钮，打开"画笔库"对话框，在其中双击选择一种画笔，即可将线条的样式设置为选择的画笔，如图2-7所示。

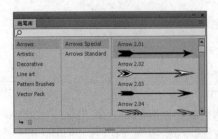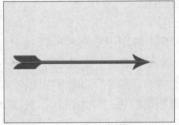

图2-7　设置样式画笔

> **知识提示**
>
> **绘制特殊角度的直线**
>
> 　　绘制特殊角度的直线的方法为，选择线条工具，在按住【Shift】键的同时，向左或向右拖曳鼠标，绘制出水平线段；向上或向下拖曳鼠标，绘制出垂直线段；斜向拖曳鼠标，绘制出 45° 角的斜线。

2. 矩形工具

矩形工具和基本矩形工具都用于绘制矩形图形，不但可以设置矩形工具的笔触大小和样式，还可以通过设置边角半径来修改矩形的形状。下面讲解使用矩形工具和基本矩形工具绘制不同矩形的方法。

● **绘制矩形和正方形**：在"工具"面板中选择矩形工具或基本矩形工具，在舞台上拖曳鼠标绘制出矩形，按住【Shift】键拖曳鼠标可绘制正方形，如图2-8所示。

● **绘制圆角矩形和倒圆角矩形**：选择矩形工具或基本矩形工具，在"属性"面板中将"矩形边角半径"设置为正值，可以绘制出圆角矩形；将"矩形边角半径"设置为负值，可以绘制出倒圆角矩形，如图2-9所示。

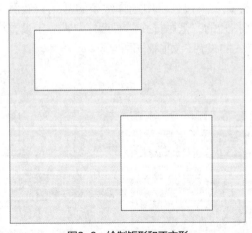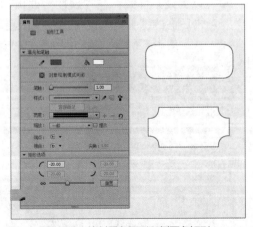

图2-8　绘制矩形和正方形　　　　图2-9　绘制圆角矩形和倒圆角矩形

● **绘制半径值不同的圆角矩形**：选择矩形工具或基本矩形工具，在"属性"面板中单击"将边角半径控件锁定为一个控件"按钮，其他3个"矩形边角半径"文本框被激活，可在这4个文本框中将4个边角半径设置为不同的值，如图2-10所示。

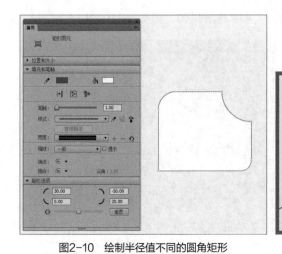

图2-10 绘制半径值不同的圆角矩形

3. 椭圆工具

椭圆工具 ◎ 和基本椭圆工具 ◉ 用于绘制椭圆、正圆、圆环、扇形等图形。下面讲解椭圆工具 ◎ 和基本椭圆工具 ◉ 的使用方法。

- **绘制椭圆和正圆**：在"工具"面板中选择椭圆工具 ◎ 或基本椭圆工具 ◉，在舞台上拖曳鼠标绘制椭圆，若按住【Shift】键拖曳鼠标，则可以绘制正圆，如图2-11所示。
- **绘制扇形**：在椭圆工具的"属性"面板中可以设置开始角度和结束角度，然后拖曳鼠标可绘制出扇形，如图2-12所示。

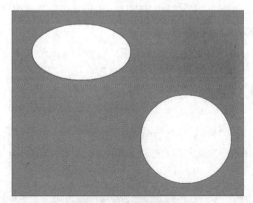

图2-11 绘制椭圆和正圆

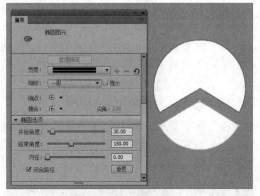

图2-12 绘制扇形

- **绘制圆环**：在椭圆工具的"属性"面板中设置"内径"值，然后拖曳鼠标可绘制出圆环，如图2-13所示。
- **绘制圆弧**：在椭圆工具的"属性"面板中设置椭圆的开始角度和结束角度，并取消选中"闭合路径"复选框，然后拖曳鼠标可绘制出圆弧，如图2-14所示。

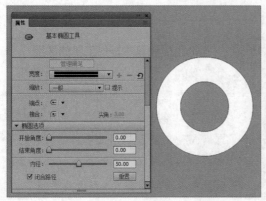

图2-13　绘制圆环

图2-14　绘制圆弧

> **知识提示**　　**椭圆工具和基本椭圆工具的区别**
>
> 　　使用椭圆工具绘制出来的椭圆，边框和填充内容是分离的，可以单独设置部分边框或填充内容。而使用基本椭圆工具绘制出来的椭圆是一个整体，不能分离或单独设置，可以重新调整"开始角度""结束角度""内径"等属性。

4. 多角星形工具

多角星形工具 用于绘制几何多边形和星形图形，并可以设置图形的边数及星形图形顶点的大小。下面讲解使用多角星形工具绘制各种多角星形的方法。

- **绘制多边形：** 选择多角星形工具 ，在"属性"面板中单击"选项"按钮，打开"工具设置"对话框，在"样式"下拉列表中选择"多边形"选项，在"边数"文本框中输入多边形的边数，单击"确定"按钮，在舞台中拖曳鼠标可绘制出需要的多边形，如图2-15所示。
- **绘制星形：** 打开"工具设置"对话框，在"样式"下拉列表中选择"星形"选项，设置"边数"和"星形顶点大小"，单击"确定"按钮，再拖曳鼠标可绘制出星形，如图2-16所示。

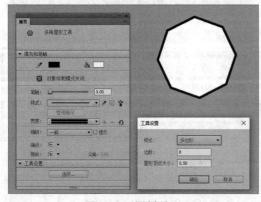

图2-15　绘制多边形

图2-16　绘制星形

（三）自由绘图工具

使用标准绘图工具只能绘制出简单的形状。在实际制作中，用户更多的是自行绘制自由的线条，再由这些线条组成特定的形状。Animate提供了强大的自由绘图工具，包括钢笔工具、铅笔工具、画笔工具和刷子工具，使用这些工具可以绘制各种矢量图，下面讲解这些绘图工具的使用方法。

1. 钢笔工具

钢笔工具 ⬠ 是以贝塞尔曲线的方式绘制和编辑图形轮廓的，主要用于绘制精确的路径，如直线和平滑流畅的曲线。在使用钢笔工具 ⬠ 绘制线条时，钢笔工具会出现不同的绘制状态。

- **初始锚点指针** ⬠：选择钢笔工具 ⬠ 后看到的第一个指针，指示下一次单击鼠标时，将创建初始锚点，是新路径的开始（所有新路径都以初始锚点开始）。
- **连续锚点指针** ⬠：指示下一次单击鼠标时，将创建一个锚点，并用一条直线与前一个锚点相连接。
- **添加锚点指针** ⬠：指示下一次单击鼠标时，将在现有路径上添加一个锚点。要添加锚点，必须先选择路径，并且钢笔工具不能位于现有锚点的上方。
- **删除锚点指针** ⬠：指示下一次在现有路径上单击鼠标时，将删除一个锚点。要删除锚点，必须用选择工具 ⬠ 选择路径，并且指针必须位于现有锚点的上方。
- **连续路径指针** ⬠：从现有锚点扩展新路径。要激活此指针，鼠标指针必须位于路径上现有锚点的上方。仅在当前未绘制路径时，该指针才可用。
- **闭合路径指针** ⬠：在当前绘制路径的起始点处闭合路径。只能闭合当前正在绘制的路径，并且现有锚点必须是同一个路径的起始锚点。
- **回缩贝塞尔手柄指针** ⬠：当鼠标指针位于显示其贝塞尔手柄的锚点上方时显示。单击鼠标贝赛尔手柄将显示为回缩贝塞尔手柄，并使得穿过锚点的弯曲路径恢复为直线段。
- **转换锚点指针** ⬠：将不带方向线的转角点转换为带有独立方向线的转角点。要启用转换锚点指针，可以按【Shift+C】组合键。
- **连接路径指针** ⬠：除了鼠标指针不能位于同一路径的初始锚点上方外，其他绘制状态与闭合路径工具基本相同，该指针必须位于唯一路径的任一端点上方。

2. 铅笔工具

铅笔工具 ⬠ 用于绘制各种线条。首先在"属性"面板中改变线条样式和粗细，然后拖曳鼠标，可以沿着鼠标的移动轨迹绘制出线条图形。选择铅笔工具后，在"工具"面板下方的选项区域中出现3种铅笔绘制模式，如图2-17所示。选择不同的绘制模式，会出现不同的效果。

- **伸直模式**：在选项区域选择"伸直"选项，绘制线条时，Animate会自动将线条调整为平直的线条。
- **平滑模式**：在选项区域选择"平滑"选项后，"属性"面板中的"平滑"选项将被激活，如图2-18所示。适当调整平滑值后，再拖曳鼠标绘制线条，此时即使线条不平滑，Animate也会自动将其调整为平滑的曲线。
- **墨水模式**：在选项区域选择"墨水"选项后，绘制的线条将完全保持绘制的形状不变，Animate不会做任何调整。

3种绘制模式的绘制效果如图2-19所示。

图2-17　铅笔工具的绘制模式

图2-18　"平滑"选项

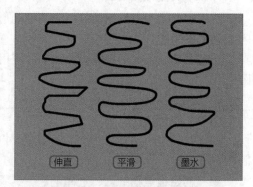
图2-19　3种绘制模式的绘制效果

> **知识提示**
>
> **对象绘制模式**
>
> 在大部分绘制工具的"属性"面板中都有一个"对象绘制模式"开关按钮▣。打开对象绘制模式，所绘制的内容就是一个个单独的图形对象，它们之间不会相互影响。关闭对象绘制模式后，各图形之间会相互影响，如颜色相同的内容会融合成一个对象，颜色不同的内容会覆盖原有的图形，相交的线条会被截断等。

3. 画笔工具

画笔工具的功能几乎与铅笔工具完全相同，只是在"属性"面板中多了一个"绘制为填充色"复选框，如图2-20所示。在未选中"绘制为填充色"复选框时，画笔工具的功能与铅笔工具完全相同。选中"绘制为填充色"复选框后，绘制后的图形不再是线条，而是填充区域，如图2-21所示。

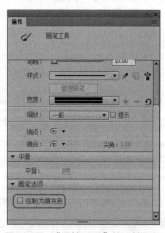
图2-20　"画笔工具"的属性面板

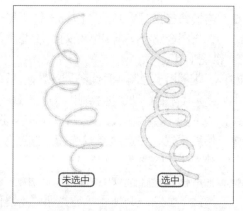
图2-21　未选中与选中"绘制为填充色"复选框的区别

4. 刷子工具

使用"工具"面板中的刷子工具 可以绘制出刷子般的笔触效果，用刷子工具 可以绘制任意形状、大小和颜色的填充区域，也可以给绘制好的对象填充颜色。

选择工具箱中的刷子工具 ✍，将鼠标指针移动到舞台中，鼠标指针变成一个黑色的小点，此时单击鼠标即可在舞台中绘制图像。

选择刷子工具，将激活"工具"面板底部的相关按钮，单击这些按钮可设置刷子模式、刷子大小、刷子形状等。单击"刷子模式"按钮，打开图2-22所示的下拉列表。其中各种刷子模式的功能如下。

图2-22　刷子模式

- **标准绘画**：选择该模式，用刷子工具绘制的图形将完全覆盖所经过的线条和填充色块，如图2-23所示。
- **颜料填充**：选择该模式，用刷子工具绘制的图形将只覆盖填充色块而不覆盖线条，如图2-24所示。
- **后面绘画**：选择该模式，使用刷子工具绘制的图形将从图形的后面穿过，不会对原矢量图造成影响，如图2-25所示。

图2-23　"标准绘画"模式　　图2-24　"颜料填充"模式　　图2-25　"后面绘画"模式

- **颜料选择**：选择该模式，使用刷子工具将对已选中的填充区域涂色，不会对已选中的线条进行涂色。如果没选择任何填充区域，则使用刷子工具将无法绘制，如图2-26所示。
- **内部绘画**：选择该模式，使用刷子工具将对鼠标单击处所在的填充区域涂色，但不会对线条涂色，如图2-27所示；如果从空白区域开始涂色，则不会影响任何现有填充区域，如图2-28所示。

图2-26　"颜料选择"模式　　图2-27　从内部开始涂色　　图2-28　从空白区域开始涂色

（四）绘图辅助工具

制作Animate动画时，需要注意动画主体在动画场景中的位置，因此，经常需要在场景中进行显示标尺、显示网格、添加辅助线、调整画面位置或缩放画面大小等操作。

1. 标尺

标尺可帮助用户定位动画元素的位置。选择【视图】/【标尺】菜单命令，可将标尺显示在工作界面的左侧和上方。

标尺的默认单位为像素，可以选择【修改】/【文档】菜单命令，在打开的"文档设置"对话框中更改标尺的单位，如图2-29所示。

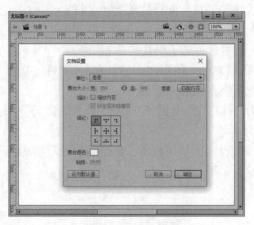

图2-29　设置标尺

2. 网格

网格是显示在文档的所有场景中，按照一定距离排列的网格直线。

● **显示网格**：选择【视图】/【网格】/【显示网格】菜单命令，可显示网格，如图2-30所示。再次选择该菜单命令，可取消显示网格。
● **贴紧至网格**：选择【视图】/【贴紧】/【贴紧至网格】菜单命令，可打开贴紧至网格功能。再次选择该命令，可关闭贴紧至网格功能。
● **设置网格首选参数**：选择【视图】/【网格】/【编辑网格】菜单命令，在打开的"网格"对话框中可以设置网格的颜色和间距等属性，如图2-31所示。

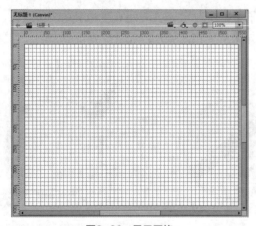

图2-30　显示网格

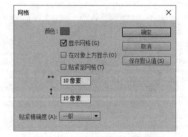

图2-31　设置网格首选参数

3. 使用辅助线

当网格不能满足用户的需要时，还可使用辅助线帮助定位。

● **添加辅助线**：添加辅助线时，需要先显示标尺，然后将标尺向舞台中拖曳，将水平辅助线或垂直辅助线拖曳到舞台上，如图2-32所示。
● **显示/隐藏辅助线**：选择【视图】/【辅助线】/【显示辅助线】菜单命令，可显示绘制的辅助线。再次选择该菜单命令，可隐藏辅助线。

● **编辑辅助线**：选择【视图】/【辅助线】/【编辑辅助线】菜单命令，在打开的"辅助线"对话框中可以设置辅助线的属性，如辅助线的颜色和显示等，如图2-33所示。

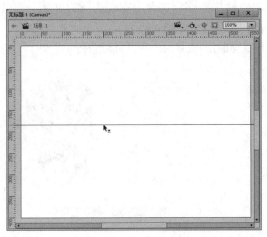

图2-32　添加辅助线

图2-33　编辑辅助线

知识提示
锁定与清除辅助线
　　在【视图】/【辅助线】菜单命令的子菜单中，有一系列与辅助线相关的菜单命令，如"锁定辅助线"和"清除辅助线"等，选择相应的菜单命令可执行相应的锁定或清除操作。

4. 手型工具

在编辑动画时，经常需要移动舞台，在"工具"面板中选择手形工具🖐，然后拖动舞台，即可移动舞台。如果要临时在其他工具和手形工具之间切换，则按住空格键即可（文本输入状态除外）。

5. 缩放工具

在编辑动画时，经常需要放大或缩小舞台，以查看画面细节或整体效果。选择"工具"面板中的缩放工具🔍，此时，"工具"面板下方显示一个放大工具🔍和一个缩小工具🔍，默认选择的是放大工具🔍，在舞台中需要放大的位置单击即可放大舞台。

若要缩小舞台，可在"工具"面板下方选择缩小工具🔍，再在需要缩小的位置单击即可。

知识提示
临时切换放大工具与缩小工具
　　选择放大工具时，按住【Alt】键不放，可以临时切换至缩小工具；选择缩小工具时，按住【Alt】键不放，可以临时切换至放大工具。

（五）选择类工具

在编辑Animate动画时，经常要选择画面中的各种对象，以便对它们进行编辑操作。Animate中用于选择对象的工具主要有选择工具▶和部分选择工具▷，下面分别进行讲解。

1. 选择工具

使用选择工具█可以选择任意对象，包括矢量图、元件、位图等。选择对象后，还可以移动对象。

选择"工具"面板中的选择工具█，将鼠标指针移到舞台中需要选择的对象上，当鼠标指针变为█形状时，单击鼠标左键即可选择对象，如图2-34所示。

将对象拖动到目标位置后释放鼠标左键，如图2-35所示，可移动选择的对象。

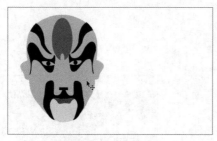

图2-34 选择对象

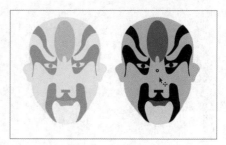

图2-35 移动对象

2. 部分选择工具

部分选取工具█用于编辑图形的形状，有移动节点和调整节点控制柄两种编辑方式。

● **移动节点**：使用部分选择工具█单击要编辑的图形，显示该图形边缘的路径和节点，拖动某个节点可移动该节点的位置，如图2-36所示。

● **调整节点控制柄**：使用部分选择工具█选择一个节点后，会显示该节点的两条控制柄，拖动控制柄可以调整节点两侧曲线的形状，如图2-37所示。

图2-36 移动节点

图2-37 调整节点控制柄

三、任务实施

（一）绘制小熊头部

小熊的头部由正圆、椭圆和弧线组成，可以使用基本椭圆工具绘制，具体操作如下。

微课视频

绘制小熊头部

（1）启动Animate CC 2018，选择【文件】/【新建】菜单命令，打开"新建文档"对话框，设置"类型"为"HTML5 Canvas"，"宽"和"高"分别为"450像素"和"550像素"，单击"背景颜色"后的色块，在弹出的"颜色"面板中设置背景色为"#66CCFF"，单击"确定"按钮，如图2-38所示。

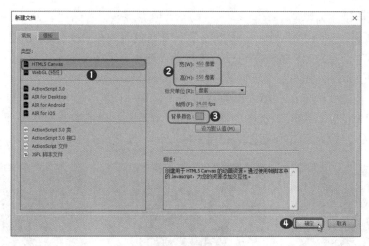

图2-38 新建文档

（2）选择基本椭圆工具 ，在"属性"面板中单击"笔触"后面的色块，在弹出的"颜色"面板中单击"无颜色"按钮 ，取消笔触颜色，如图2-39所示。

（3）单击"填充"后面的色块，在弹出的"颜色"面板中设置填充颜色为"#A17745"，如图2-40所示。

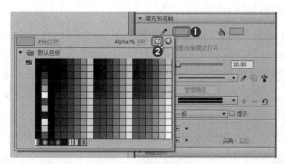

图2-39 取消笔触颜色

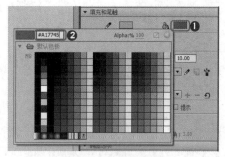

图2-40 设置填充颜色

（4）按住【Shift】键不放，在舞台的上方拖曳鼠标绘制一个比较小的正圆，并在该正圆的右侧绘制一个同样大小的正圆，作为小熊的耳朵，如图2-41所示。

（5）将填充颜色设置为"#765937"，在两个小圆的下方绘制一个大圆，作为小熊的头部，如图2-42所示。

（6）将填充颜色设置为黑色，在小熊头部左上部和右上部分别绘制一个小圆，作为小熊的眼睛，如图2-43所示。

图2-41 绘制耳朵

图2-42 绘制头部

图2-43 绘制眼睛

（7）将笔触颜色设置为黑色，笔触大小设置为3，填充颜色设置为"#C6AD8F"，在小熊头部中间偏下一点的位置绘制一个椭圆，作为小熊的嘴鼻部分，如图2-44所示。

（8）将笔触颜色设置为无，填充颜色设置为黑色，在小熊嘴鼻部分上方绘制一个小的椭圆，作为小熊的鼻子，如图2-45所示。

（9）将笔触颜色设置为黑色，填充颜色设置为无，在"属性"面板中设置开始角度为0°，结束角度为180°，并取消选中"闭合路径"复选框，然后在小熊鼻子下方拖曳鼠标绘制两段弧线，作为小熊的嘴巴，如图2-46所示。

图2-44　绘制嘴鼻部分　　　　　图2-45　绘制鼻子　　　　　图2-46　绘制嘴巴

微课视频

绘制小熊的身体

（二）绘制小熊的身体

小熊的身体部分可以使用画笔工具和椭圆工具绘制，具体操作如下。

（1）选择画笔工具 ，将笔触颜色设置为"#A17745"，笔触大小设置为"50"，选中"绘制为填充色"复选框，从小熊头部下方向左下方拖曳鼠标，绘制小熊的一只手臂，如图2-47所示。

（2）从小熊头部下方向右下方拖曳鼠标，绘制小熊的另一只手臂，然后分别从每只手臂中间部分向下拖曳鼠标，绘制小熊的两条腿，如图2-48所示。

图2-47　绘制一只手臂　　　　　　图2-48　绘制另外一只手臂和两条腿

（3）在小熊的两只手臂和两条腿之间反复拖曳鼠标，绘制小熊的身体部分，如图2-49所示。

（4）选择椭圆工具 ，将填充颜色设置为"#C6AD8F"，在小熊的身体部分拖曳鼠标，绘制小熊腹部浅色的部分，如图2-50所示。

图2-49　绘制身体部分

图2-50　绘制腹部浅色部分

（5）按【Ctrl+S】组合键打开"另存为"对话框，将文件名设置为"卡通小熊.fla"，单击"保存"按钮保存文件，完成本任务的操作。

任务二　为"荷塘月色"填色

老洪告诉米拉，世界万物都有色彩，丰富的色彩构成了这个美丽的世界，同样，色彩丰富的动画作品能够吸引更多的观众。老洪让米拉为"荷塘月色"填色，让"荷塘月色"场景变得绚丽多彩。

| 素材所在位置 | 素材文件\项目二\荷塘月色.fla |
| 效果所在位置 | 效果文件\项目二\荷塘月色,.fla |

微课视频

效果预览

一、任务目标

为"荷塘月色"填色，在制作时根据场景的不同，可选择不同的填色工具进行填色。通过本任务的学习，用户可以掌握使用填色工具填色的方法。本任务完成后的效果如图2-51所示。

图2-51　为"荷塘月色"填色

二、相关知识

本任务中的填色操作主要是通过"颜色"面板、"样本"面板、颜料桶工具等来实现的。下面先介绍这些工具的使用方法。

（一）认识颜色

计算机的颜色采用RGB颜色系统，也就是每种颜色采用红、绿、蓝3种分量。每个颜色分量的取值范围为0~255，一共有256种分量可供选择。计算机能表示的颜色有256×256×256=16 777 216种，这也是16M色的由来。在Animate中，与颜色相关的概念有RGB、Alpha、十六进制和颜色类型等。下面分别进行介绍。

- **RGB颜色模式**：在RGB颜色模式下，每种颜色都是由红、绿、蓝三原色组成的，可以通过3个0~255的数字来表示一种颜色。例如，红色的R、G、B值分别为255、0、0；绿色的R、G、B值分别为0、255、0；蓝色的R、G、B值分别为0、0、255。

- **Alpha**：Alpha是实心填充的不透明度和渐变填充的当前所选滑块的不透明度。 如果Alpha 为0%，则创建的填充不可见（即完全透明）；如果Alpha为100%，则创建的填充完全不透明；如果Alpha为0%~100%（不含），则创建的填充会呈现不同程度的透明效果。

- **十六进制颜色值**：十六进制颜色值是一个6位十六进制数，用来表示一种RGB颜色，其中前两位为红色（R），中间两位为绿色（G），最后两位表示蓝色（B）。例如，#FF9966颜色的红色为#FF（255），绿色为#99（153），蓝色为#66（102）。

- **颜色类型**：在Animate中有5种颜色类型，即删除填充的无颜色、单一填充的纯色、沿线性轨迹混合的线性渐变、从一个中心点出发沿环形轨道向外混合的径向渐变和位图填充。

（二）"颜色"面板

"颜色"面板用于设置绘图工具的笔触和填充颜色，也可用于设置当前选择图形的边框和填充颜色。选择【窗口】/【颜色】菜单命令，打开"颜色"面板，如图2-52所示。该面板中各选项的作用如下。

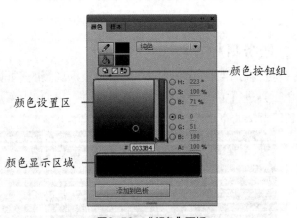

图2-52　"颜色"面板

- **"笔触颜色"按钮** ：单击该按钮，可以在"颜色设置区"中设置笔触颜色。单击其后的色块，在弹出的"色板"面板中可以选择笔触颜色。

- **"填充颜色"按钮** ：单击该按钮，可以在"颜色设置区"中设置填充颜色。单击其后的色块，在弹出的"色板"面板中可以选择填充颜色。

- **"黑白"按钮** ：单击该按钮，可将笔触颜色设置为黑色，填充颜色设置为白色。

- **"无色"按钮** 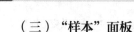：单击该按钮，可将笔触设置为无边框或将填充颜色设置为无填充。
- **"交换颜色"按钮** ：单击该按钮，将交换笔触颜色和填充颜色。
- **"颜色类型"下拉列表框**：在该下拉列表框中，可以修改笔触颜色和填充颜色的颜色类型。
- **颜色设置区**：在其中单击可设置笔触颜色或填充颜色。
- **"HSB"栏**：在该栏中选中某个单选项，再修改其后的数字，可以修改颜色的色相、饱和度和亮度。
- **"RGB"栏**：在该栏中选中某个单选项，再修改其后的数字，可以修改颜色的红色、绿色和蓝色的色度值。
- **"A"选项**：用于设置填充颜色的不透明度（Alpha）。
- **"#"文本框**：用于设置颜色的十六进制值，在该文本框中输入颜色的十六进制值可设置当前笔触或填充颜色。
- **颜色显示区域**：为笔触或填充设置好颜色后，该区域将呈现预览颜色效果。
- **"添加到色板"按钮**：单击该按钮，可以将当前颜色添加到"色板"面板中。

知识提示

吸管工具

在 Animate 中，还可以使用吸管工具 将一个图形的笔触颜色或填充颜色复制到其他图形中。方法为：在"工具"面板中选择吸管工具 ，然后单击图形的边框或填充区域，以吸取其笔触颜色或填充颜色，再单击需要设置的图形的边框或填充区域即可。

（三）"样本"面板

在Animate中除可以使用"颜色"面板为笔触和填充设置颜色外，还可以使用"样本"面板设置颜色。选择【窗口】/【样本】菜单命令，打开"样本"面板，如图2-53所示，在其中单击需要的颜色即可为当前选择的图形应用该颜色。

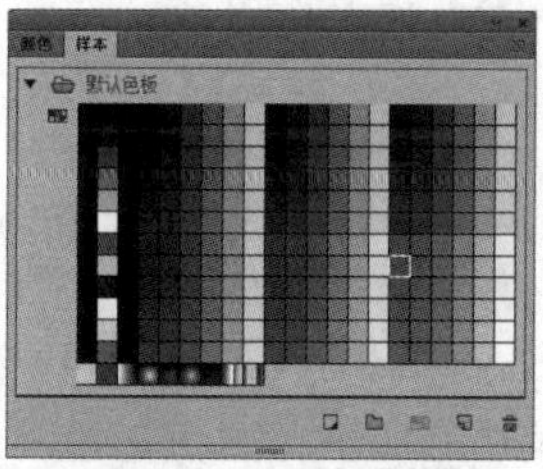

图2-53 "样本"面板

（四）编辑渐变填充

使用渐变填充功能可以让一种颜色平滑地过渡到另一种颜色。在Animate中有线性渐变填充和径向渐变填充两种渐变填充方式，其特点和编辑方法如下。

1. 线性渐变

线性渐变是沿着一根轴线改变颜色的渐变方式，在"颜色"面板的"颜色类型"下拉列表框中选择"线性渐变"选项时，"颜色"面板中将显示用于设置线性渐变的选项，如图2-54所示。在颜色显示区域下方有两个色块，可以分别调整它们的颜色或位置，以调整渐变颜色，如图2-55所示。还可以在颜色显示区域单击鼠标增加新的色块，以丰富渐变的颜色层次，如图2-56所示。

在为一个图形应用线性渐变填充后，可以使用渐变变形工具 调整图形的渐变。在"工具"面板中选择渐变变形工具 ，单击应用了线性渐变填充的图形，该图形中显示2条细线（用于显示线性渐变的范围）和3个控制点。各控制点的作用如下。

图2-54　选择"线性渐变"选项　　　　图2-55　调整色块颜色和位置　　　　图2-56　添加新色块

- ⊡控制点：拖动该控制点可以调整线性渐变的范围，如图2-57所示。
- ⟲控制点：拖动该控制点可以调整线性渐变的旋转方向，如图2-58所示。
- ○控制点：拖动该控制点可以调整线性渐变的位置，如图2-59所示。

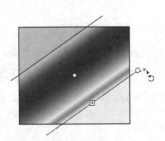
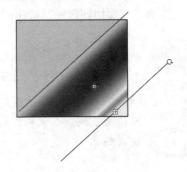

图2-57　调整渐变的范围　　　　图2-58　调整渐变的旋转方向　　　　图2-59　调整渐变的位置

2. 径向渐变

径向渐变会出现一个中心点向外改变颜色的渐变效果，可以用于制作边缘有光晕的柔和效果。在"颜色"面板的"颜色类型"下拉列表框中选择"径向渐变"选项，即可为选择的图形设置径向渐变效果，如图2-60所示。

使用渐变变形工具█单击应用了径向渐变的图形后，在该图形中显示一个圆（用于显示径向渐变的范围）和5个控制点。各控制点的作用如下。

- ▽控制点：拖动该控制点可以调整渐变中心的偏移位置，如图2-61所示。
- ⊙控制点：拖动该控制点可以调整渐变范围的中心位置，如图2-62所示。

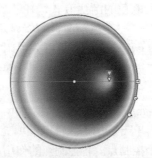
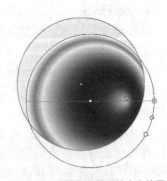

图2-60　选择"径向渐变"选项　　图2-61　调整渐变中心的偏移位置　　图2-62　调整渐变范围的中心位置

- 回**控制点**：拖动该控制点可以拉伸或压缩渐变范围，如图2-63所示。
- 旋**控制点**：拖动该控制点可以放大或缩小渐变范围，如图2-64所示。
- 旋**控制点**：拖动该控制点可以调整渐变的旋转方向，如图2-65所示。

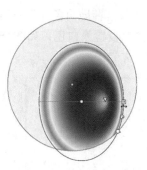　　　　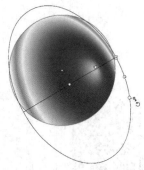

图2-63　拉伸或压缩渐变范围　　　　图2-64　放大或缩小渐变范围　　　　图2-65　调整渐变的旋转方向

（五）使用填充工具

在Animate中，可以先选择需要填充的图形，再通过"颜色"面板和"样本"面板设置图形的颜色。但要大量填充相同的颜色，一个一个选择填充目标，再设置颜色会花费很多时间。为了简化操作步骤，可通过Animate自带的填充工具填充图形。Animate的填充工具有颜料桶工具🪣和墨水瓶工具🪣，下面讲解其使用方法。

1. 颜料桶工具

颜料桶工具🪣用于设置图形的填充颜色，填充的图形区域通常是封闭区域。在"工具"面板中选择颜料桶工具🪣，在其"属性"面板中设置填充颜色，然后将鼠标指针移动到图形区域，单击即可填充选择的颜色，如图2-66所示。

在"工具"面板中选择颜料桶工具🪣后，在该面板的选项区域会出现两个按钮，其中"空隙大小"按钮🔘用于设置外围矢量线缺口的大小对填充颜色的影响程度，包括不封闭空隙、封闭小空隙、封闭中等空隙和封闭大空隙4个选项；"锁定填充"按钮🔒只能应用于渐变填充，单击该按钮后，渐变填充的中心位置将被锁定，而不会随鼠标单击的位置移动。

2. 墨水瓶工具

墨水瓶工具🪣用于修改图形边框的颜色、粗细、样式等属性，其使用方法与颜料桶工具🪣类似。只需在"工具"面板中选择墨水瓶工具🪣，在"属性"面板中设置笔触颜色、粗细、样式等属性，然后在图形内部或矢量线条上单击即可修改图形边框，如图2-67所示。

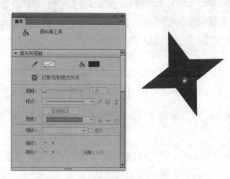　　　　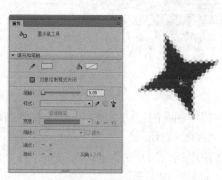

图2-66　使用颜料桶工具填充颜色　　　　　图2-67　使用墨水瓶工具

三、任务实施

（一）线性渐变填充

在制作本任务的过程中，要注意天空、山峰、池塘都是使用线性渐变色填充的，具体操作如下。

（1）启动Animate CC 2018，选择【文件】/【打开】菜单命令，打开"荷塘月色.fla"动画文档。在"属性"面板中单击舞台后面的色块，将舞台背景颜色设置为白色，如图2-68所示。

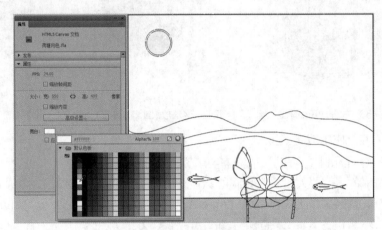

图2-68　设置舞台背景颜色

（2）选择颜料桶工具，在"颜色"面板中单击"填充颜色"按钮，并选择"线性渐变"选项，设置滑块颜色为"#0012DE"和"#FFE980"，取消选中"工具"面板中的"锁定填充"按钮，在天空部分从上往下拖曳鼠标，填充渐变色，如图2-69所示。

（3）使用相同的方法为山峰区域从上往下填充"#003300"到"#009900"的线性渐变色，如图2-70所示。

图2-69　填充天空渐变色

图2-70　填充山峰渐变色

（4）使用相同的方法为倒影区域从左向右填充"#001281"到"#007EDB"的线性渐变色，如图2-71所示。

（5）使用相同的方法为池塘区域从下往上填充"#000066"到"#007ED8"的线性渐变色，如图2-72所示。

图2-71　填充倒影

图2-72　填充池塘

（6）使用选择工具 双击鱼对象进入编辑界面，设置线性渐变的颜色分别为"#FF3300"
　　　"#FFCC66""#EEF5B4"，使用颜料桶工具 在鱼的身体部分从左向右拖曳鼠标，
　　　填充渐变色，如图2-73所示。

（7）单击选择"工具"栏中的"锁定填充"按钮 ，在鱼的其他部分单击鼠标，填充线性
　　　渐变色，并和鱼身体部分的线性渐变色形成一个整体，如图2-74所示。

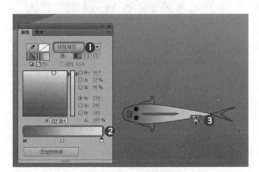

图2-73　填充鱼身体

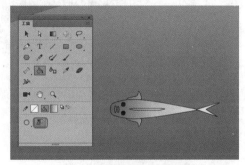

图2-74　填充鱼的其他部分

（8）使用选择工具 双击空白位置返回主场景，为另一条鱼填充相同的线性渐变色。

（9）使用选择工具 双击荷花对象进入编辑界面，使用颜料桶工具 为荷花的每个花瓣填
　　　充"#FFC6A8"到"#CC728A"的渐变色，在填充时需要取消选择"锁定填充"按
　　　钮 ，为每一片花瓣单独设置渐变方向，如图2-75所示。

（10）使用选择工具 双击空白位置返回主场景，此时的整体效果如图2-76所示。

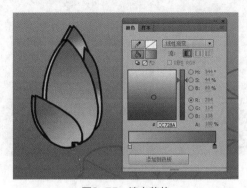

图2-75　填充荷花

图2-76　整体效果

（二）径向渐变填充

径向渐变填充适用于填充圆类图形，下面使用径向渐变填充工具填充月亮光环和荷叶，具体操作如下。

微课视频

径向渐变填充

（1）使用选择工具 双击荷叶对象，进入编辑界面。在"颜色"面板中选择"径向渐变"选项，设置径向渐变色为"#003300"和"#00B63A"。

（2）选择颜料桶工具 ，在荷叶中单击某一块叶面部分进行填充，单击选中"工具"栏中的"锁定填充"按钮 ，再依次单击其他叶面部分，使整个叶面的填充成为一个整体，如图2-77所示。

（3）使用渐变变形工具调整渐变的中心、旋转方向、拉伸和范围等属性，如图2-78所示。

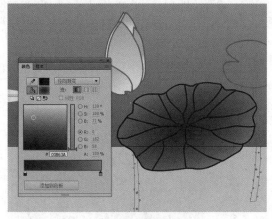
图2-77　填充荷叶

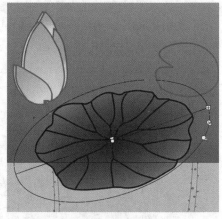
图2-78　调整荷叶渐变

（4）使用选择工具 双击叶面线条，选择所有的线条，在"颜色"面板中设置线条的颜色为"#00B63A"，如图2-79所示。

（5）使用相同的方法填充另外一片荷叶和花径。

（6）返回主场景，选择月亮图形，在"颜色"面板中设置"#FFFF99"到"#A8ECF3"的径向渐变色，如图2-80所示。

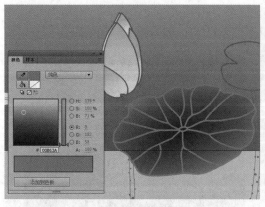
图2-79　填充荷叶线条

图2-80　填充月亮

（7）按【Ctrl+S】组合键保存文件，完成本任务的操作。

任务三 制作郊外场景

老洪告诉米拉，在制作Animate动画时，为了达到预期的动画效果，通常都需要对图形进行编辑。在绘制图形的过程中，可以编辑和调整图形的各个组成部分，使绘制的图形达到完美的效果，而对于导入的图片文件，也可以运用"工具"面板中的各种工具，对其进行编辑和调整。

一、任务目标

对"郊外场景.fla"文件中各个对象进行各种编辑操作，使其构成一幅优美的郊外风景画。通过本任务的学习，用户可以进一步掌握图形的编辑方法。本任务制作完成后的最终效果如图2-81所示。

素材所在位置 素材文件\项目二\任务三\郊外场景.fla
效果所在位置 效果文件\项目二\任务三\郊外场景.fla

微课视频

效果预览

图 2-81　郊外场景效果

二、相关知识

图形的编辑操作主要包括变形对象、翻转对象、合并对象、组合与分离对象、排列与对齐对象等操作。

（一）变形对象

任意变形工具📐主要用于对各种对象进行不同方式的变形处理，如拉伸、压缩、旋转、翻转、自由变形等。使用任意变形工具，可以将对象变形为需要的各种样式。

在"工具"面板中选择任意变形工具📐，并选择需要变形的对象后，将激活"工具"面板底部的相关按钮，除了常见的"贴紧至对象"按钮🧲外，还包括"旋转与倾斜"按钮🔄、"缩放"按钮⬚、"扭曲"按钮◰、"封套"按钮⬚，单击不同的按钮，可以执行不同的变形操作。

1. 旋转与倾斜对象

选择任意变形工具📐后，选择需要变形的对象，单击"旋转与倾斜"按钮🔄或选择【修改】/【变形】/【旋转与倾斜】菜单命令，此时，可对对象进行的操作主要有以下几种。

- **旋转对象**：将鼠标指针移至4个角的控制点上，当鼠标指针变为↻形状时，拖曳鼠标可使对象沿着旋转中心旋转，如图2-82所示。
- **移动旋转中心**：在默认情况下，旋转中心在对象中心点上，要移动旋转中心，用鼠标将旋转中心拖曳到其他位置即可，如图2-83所示。
- **倾斜对象**：将鼠标指针移至4条边的控制点上，当鼠标指针变为⇐形状或‖形状时，拖曳鼠标可倾斜对象，如图2-84所示。

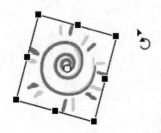  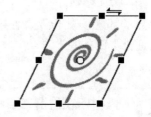

图2-82　旋转对象　　　　　图2-83　移动旋转中心　　　　　图2-84　倾斜对象

> **知识提示**
> ### 使对象以特殊的角度旋转
> 选择【修改】/【变形】/【顺时针旋转90度】或【逆时针旋转90度】菜单命令，可使对象按顺时针或逆时针方向旋转90°。在拖动对象4个角的控制点旋转时，按住【Shift】键不放可使对象以45°的倍数旋转。

2. 缩放对象

可以沿水平方向、垂直方向或同时沿两个方向放大或缩小对象。选择任意变形工具▦，再选择需要变形的对象，单击"缩放"按钮▣或选择【修改】/【变形】/【缩放】菜单命令，激活缩放功能。将鼠标指针移至四周的控制点上，当鼠标指针变为水平↔、垂直↕、倾斜↖的双向箭头时，拖曳鼠标可分别沿水平方向、垂直方向和同时沿水平和垂直两个方向缩放对象，如图2-85~图2-87所示。

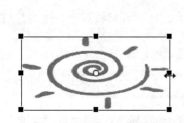 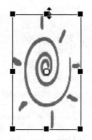 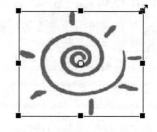

图2-85　沿水平方向缩放　　　　图2-86　沿垂直方向缩放　　　　图2-87　同时沿两个方向缩放

3. 扭曲对象

单击"扭曲"按钮▢或选择【修改】/【变形】/【扭曲】菜单命令，激活扭曲功能后，可以通过拖动对象边框上的控制点进行扭曲变形，如图2-88所示。

4. 封套对象

单击"封套"按钮▣或选择【修改】/【变形】/【封套】菜单命令，激活封套功能，此时，对象的每个控制点两侧都会显示出一个控制柄，拖动控制柄可弯曲或扭曲对象，如图2-89所示。

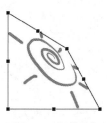

图2-88　扭曲对象

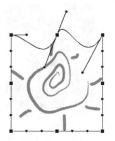

图2-89　封套对象

> **知识提示**
>
> **扭曲和封套功能不能修改的对象**
>
> 扭曲功能不能修改元件、图元、位图、视频、声音、渐变、对象组；封套功能不能修改元件、位图、视频、声音、渐变、对象组或文本。若要修改文本，则要先将文本转换为形状对象。

（二）翻转对象

使用翻转功能可以水平或垂直翻转选择的对象，其操作比较简单，选择对象后，选择【修改】/【变形】/【垂直翻转】或【水平翻转】菜单命令，可对选择的对象进行相应的翻转，如图2-90和图2-91所示。

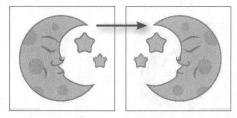

图2-90　水平翻转

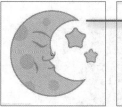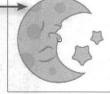

图2-91　垂直翻转

（三）合并对象

使用合并对象功能可将在对象绘制模式下绘制的图形合并，在【修改】/【合并对象】菜单命令的子菜单中选择相关的菜单命令，具体介绍如下。

● **联合**：选择该命令，可将两个或多个图形合并成单个图形。联合后的图形将删除图形之间不可见的重叠部分，保留可见部分，效果如图2-92所示。

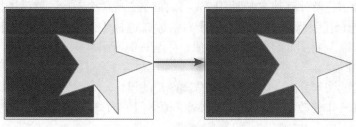

图2-92　联合

- **交集**：选择该命令，可创建两个或多个图像的交集。生成的新图形由图形的重叠部分组成，并使用叠放在最上层的图形的填充和笔触，效果如图2-93所示。

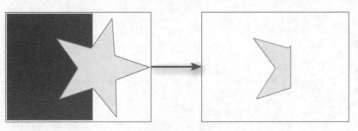

图2-93　交集

- **打孔**：选择该命令，可以在多个重叠的图形中，将被叠放在最上层的图形覆盖的部分删除，生成的图形保持为独立的对象，不会合并为单个对象，效果如图2-94所示。

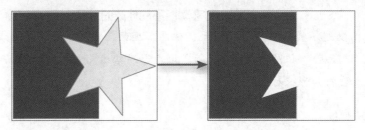

图2-94　打孔

- **裁切**：选择该命令，叠放在最上面的图形决定裁切区域的形状，最终将保留与最上面的图形重叠的任何下层图形，而删除下层图形的所有其他部分，并完全删除最上面的图形，生成的图形也保持为独立的对象，效果如图2-95所示。

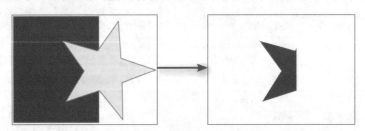

图2-95　裁切

（四）组合与分离对象

在Animate中，有时为了对有关的多个图形进行整体操作，需要将其组合成一个整休。也可将一个图形分离开来，对其局部进行操作。

1. 组合对象

对多个对象进行整体移动或变形可以先将它们组合成一个对象，然后进行下一步操作。方法为：使用选择工具 选择要组合的所有对象，选择【修改】/【组合】菜单命令或按【Ctrl+G】组合键，将图形组合成一个整体，如图2-96所示。

2. 分离对象

若要将组合的图形分离，则需要执行分离图形的操作。方法为：使用选择工具 选择组合后的对象，选择【修改】/【分离】菜单命令或按【Ctrl+B】组合键分离图形，如图2-97所示。

图2-96　组合图形

图2-97　分离图形

知识
提示

分离其他对象

　　"分离"命令除了可以用来分离组合对象外，还可以用来分离文本和位图等对象。第一次分离文本时，会将文本分离为单独的字符，再次分离时，字符会被分离成普通的形状对象。对位图进行分离操作后，位图会被分离成像素点，这时可以使用选择工具、套索工具等，选择位图中的部分内容进行操作。

（五）排列与对齐对象

在Animate中，图形是依照绘制的顺序，或出现在舞台中的顺序叠加排列的，最后出现在舞台中的图形，若与之前的图形重叠，则可遮挡住之前的图形。用户可根据需要，更改图形的排列顺序，并可设置两个或多个对象的对齐方式。

1. 排列对象

Animate会根据对象的创建顺序层叠对象，将最新创建的对象放在最上面。改变图形重叠顺序的操作很简单，具体如下。

- **置于顶层或底层**：选择【修改】/【排列】/【置于顶层】或【置于底层】菜单命令，可以将选择的对象移动到层叠顺序的最上层或最下层。
- **上移一层或下移一层**：选择【修改】/【排列】/【上移一层】或【下移一层】菜单命令，可以将选择的内容在层叠顺序中向上或向下移动一层。

2. 对齐对象

使用"对齐"面板可以沿水平或垂直轴对齐所选对象，也可以指定对齐对象的边缘或中心。

选择要对齐的对象，选择【修改】/【对齐】菜单命令，或按【Ctrl+K】组合键，打开"对齐"面板进行对齐操作。"对齐"面板如图2-98所示，其中各参数介绍如下。

- **"对齐"栏**：使选择的对象在某方向上对齐，如"左对齐"和"右对齐"等。
- **"分布"栏**：使选择的对象在水平或垂直方向上进行不同的对齐分布。
- **"匹配大小"栏**：单击"匹配宽度"按钮■，将以选择的对象中宽度最大的对象为基准，在水平方向上等比例变形；单击"匹配高度"按钮■，将以选择的对象中高度最大的对象为基准，在垂直方向上等比例变形；单击"匹配宽和高"按钮■，将以所选对象中最大的高和宽为基准，

图2-98　"对齐"面板

在水平和垂直方向上同时等比例变形。

● **"间隔"栏**：单击"垂直平均间隔"按钮，所选对象将在垂直方向上间距相等；单击"水平平均间隔"按钮，所选对象将在水平方向上间距相等。

● **"与舞台对齐"复选框**：单击选中该复选框，将以整个场景为基准调整图像位置，使图像相对于舞台左对齐、右对齐或居中对齐等。如果没有选中该复选框，则对齐图形时以各图形的相对位置为基准。

微课视频

调整背景、草地、太阳和云

三、任务实施

（一）调整背景、草地、太阳和云

打开素材文件，调整背景、草地、太阳和云的大小和位置，并复制两朵云，具体操作如下。

（1）选择【文件】/【打开】菜单命令，打开"郊外场景.fla"文件，可以看到动画中所有需要使用的对象都放置在了舞台周围，如图2-99所示。

图2-99　打开素材文件

（2）选择任意变形工具，单击背景图形，然后拖动右下角的控制点，使背景图形的大小与舞台一致，如图2-100所示。

（3）拖动草地图形，使其下边缘与舞台的下边缘靠拢，如图2-101所示。

图2-100　调整背景大小

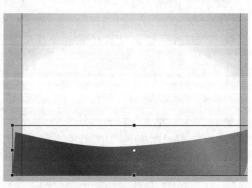

图2-101　调整草地位置

（4）缩小太阳图形，并将其移动到舞台的左上角，如图2-102所示。

（5）缩小云图形，并将其移动到舞台中上方偏左的位置，然后按住【Alt】键不放，向右下方拖动云图形进行复制。将复制的云图形缩小，然后复制一个更小的云图形到舞台的右上角，如图2-103所示。

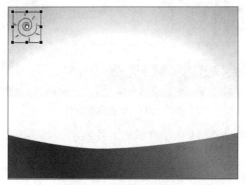
图2-102　调整太阳图形

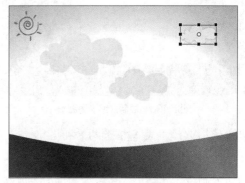
图2-103　调整云图形

（二）调整树木、房屋和花

将树冠和树干组合成一个对象，并复制一棵树，再调整房屋的大小和位置，最后复制多个花朵，将其排列在草地上，具体操作如下。

微课视频

调整树木、房屋和花

（1）移动树冠图形到树干图形上，可以发现树冠图形的堆叠层次在树干图形的下方，如图2-104所示。

（2）选择【修改】/【排列】/【移至顶层】菜单命令，将树冠图形移至顶层。

（3）按住【Shift】键不放，使用选择工具 ![] 依次单击树冠图形和树干图形，同时选择它们，再按【Ctrl+G】组合键将其组合成一个完整的树图形。缩小组合后的树图形，并将其移动到舞台的左侧，如图2-105所示。

图2-104　调整树冠图形

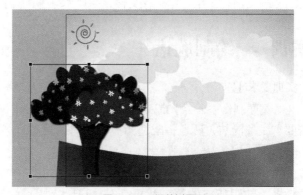
图2-105　调整树图形

（4）复制一棵树到舞台的右侧并缩小，如图2-106所示。

（5）移动房屋图形到舞台的右下角，由于复制的树图形是最后生成的对象，在最上层，会遮挡住房屋对象，所以需要使用【修改】/【排列】/【移至顶层】菜单命令将房屋图形移到最上层，如图2-107所示。

图2-106　复制并缩小树图形

图2-107　调整房屋图形

（6）使用选择工具框选两朵花图形，将其移动到舞台下方的草地上并缩小，如图2-108所示。

（7）复制多个花图形，将其适当缩放和旋转，效果如图2-109所示。

图2-108　移动并缩小花朵

图2-109　复制并调整花朵

（8）按【Ctrl+S】组合键保存文件，完成本任务的操作。

实训一　绘制脸谱

【实训要求】

　　公司要制作一个关于京剧的动画，让米拉先绘制一个脸谱，为制作Animate动画做准备。脸谱要求线条简洁，颜色搭配适当。制作时，可打开效果文件对比。本实训完成后的效果如图2-110所示。

　效果所在位置　效果文件\项目二\实训一\脸谱.fla

【步骤提示】

（1）新建一个默认大小的HTML5 Canvas文件。

（2）选择钢笔工具，在"属性"面板中设置笔触大小为"2"，颜色为灰色，然后在文件中勾勒出脸谱的大致轮廓，并调整绘制的曲线，以达到最好的脸谱效果。

（3）选择颜料桶工具，为脸谱填充黑色，然后更换颜色为红色，填充相应的部分。

（4）选择铅笔工具，将其笔触颜色设置为淡粉色，然后在嘴唇部分涂抹，绘制高光。绘制完成后保存文件即可。

图2-110　脸谱效果

实训二　绘制卡通场景

【实训要求】

公司要制作一个儿童动画，让米拉先绘制一个卡通场景，为后期动画做准备。该卡通场景要求线条简洁，画面生动有趣。动画完成后的效果如图2-111所示。

图2-111　卡通场景

　素材所在位置　素材文件\项目二\实训二\卡通场景.fla
　效果所在位置　效果文件\项目二\实训二\卡通场景.fla

【步骤提示】

（1）打开素材文件，设置背景颜色为天蓝色。

（2）使用钢笔工具◢绘制草地，设置填充颜色为浅绿色，笔触颜色为无。

（3）使用钢笔工具◢绘制树干，设置填充颜色为褐色，笔触颜色为无。

（4）使用基本椭圆工具◉绘制树叶，设置填充颜色为深绿色，笔触颜色为浅绿色。

（5）使用基本椭圆工具 绘制云，并设置填充颜色为白色，笔触颜色为无。

（6）调整壁虎图像的大小，并将其移动到树干上。

课后练习

（1）使用钢笔工具 ◊.绘制一个卡通小人，并在不同的部位填色，完成后的最终效果如图2-112所示。

图2-112　绘制卡通小人

效果所在位置　效果文件\项目二\课后练习\卡通小人.fla

（2）打开提供的"飞鸽.fla"素材，为其中的图形填色，完成后的最终效果如图2-113所示。

图2-113　为飞鸽填色

素材所在位置　素材文件\项目二\课后练习\飞鸽.fla
效果所在位置　效果文件\项目二\课后练习\飞鸽.fla

（3）打开提供的"沙滩.fla"素材，结合其中的素材图形，制作图2-114所示的"沙滩"图像效果。首先画出天空的轮廓，然后填充颜色，再使用渐变变形工具，调整填充效果。绘制大海，然后填充和调整，再绘制沙滩。绘制山脉，填充不同的颜色，用于表示山脉不同的明暗变化。最后将场景中的素材图形放置到合适的位置即可。

图2-114　沙滩

素材所在位置　素材文件\项目二\课后练习\沙滩.fla
效果所在位置　效果文件\项目二\课后练习\沙滩.fla

技巧提升

问：怎样进行原位置粘贴？

答：选择对象并复制后，按【Ctrl+Shift+V】组合键可以进行原位置粘贴，即粘贴的对象与原对象在同一位置。

问：怎样成比例缩放对象？

使用任意变形工具选择对象后，在按住【Shift】键的同时，将鼠标指针移动到选框4个角的任意一个角上，拖曳鼠标，此时，被缩放的对象会成比例缩放且不会变形。

问：为什么无法使用颜料桶工具进行填充？

答：默认情况下，使用颜料桶工具进行填充时，要求填充区域是封闭的，如果要填充的区域未封闭，则无法使用颜料桶工具进行填充。此时可放大图形，进行检查并修复，使填充区域为全封闭区域，或者在"工具"面板底部单击按钮，在弹出的菜单中选择"封闭小空隙"或"封闭大空隙"选项，然后使用颜料桶工具进行填充。

问：使用钢笔工具绘制对象另一部分时，自动与前一部分连接起来了该怎么处理？

答：使用钢笔工具绘制对象时，如果两个部分是不相连的，则绘制好第一部分时，应按【Esc】键退出绘制，然后在其他位置进行绘制。

项目三

添加与编辑文本

情景导入

米拉在掌握了图形的绘制与编辑后，老洪开始教米拉在动画中添加与编辑文本的方法。

学习目标

● 掌握文本工具的使用方法。

包括使用文本工具，认识文本工具的"属性"面板、"时间轴"面板等。

● 掌握文本变形、设置文本填充和边框的方法。

包括对文本进行变形、设置文本填充、设置文本边框等。

思政元素

环境保护　艺术鉴赏

案例展示

▲"音乐节"海报效果

▲招聘DM单

任务一 制作"音乐节"海报

米拉需要使用Animate制作一张"音乐节"海报,但她不知道怎样在其中添加文本,于是向老洪请教。老洪告诉米拉,文本在很多宣传性的动画中是不可或缺的内容,而Animate具有强大的文本输入、编辑和处理功能,在动画中添加文本时,应注意文本的字体、颜色等与其他内容的搭配,使其突出表达整个动画主题。

一、任务目标

练习制作一张"音乐节"海报,主要操作包括输入文本、设置文本样式。通过本任务的学习,用户可以掌握使用文本工具输入文本及对输入的文本进行美化设置的方法。本任务制作完成后的最终效果如图3-1所示。

素材所在位置	素材文件\项目三\任务一\音乐节.fla
效果所在位置	效果文件\项目三\任务一\音乐节.fla

图3-1 "音乐节"海报效果

二、相关知识

本任务主要通过文本工具、文本工具的"属性"面板和"时间轴"面板来完成,下面分别进行介绍。

(一)文本工具

在Animate中添加文本有以下两种方式。

- 选择文本工具**T**后,直接在场景中需要输入文本的地方单击,此时出现一个文本输入框,该文本输入框的宽度会随着输入文本的增加而自动延长,不会自动换行,需手动按【Enter】键换行,如图3-2所示。
- 选择文本工具**T**后,在场景中需要输入文本的地方拖曳鼠标确定文本输入框的宽度,当输入的文本超过文本输入框的宽度时,会自动换行,如图3-3所示。

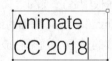

图3-2 单击输入文本   图3-3 拖曳鼠标输入文本

（二）文本工具的"属性"面板

文本工具的"属性"面板如图3-4所示，在其中可以修改文本的格式。其中相关选项的作用如下。

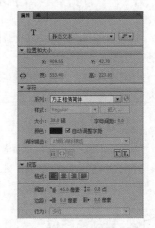

- **"文本类型"下拉列表框**：用于选择创建文本的类型，有静态文本、动态文本和输入文本3种类型，其中，静态文本为显示不能动态更新字符的文本；动态文本可以通过脚本程序来改变其显示的文本内容；输入文本会创建一个表单，通过脚本程序来获取用户输入的文本内容（HTML5 Canvas动画类型不支持输入文本）。

- **"改变文本方向"按钮** ⌨▾：单击该按钮可在弹出的列表中设置文本的方向，有"水平""垂直""垂直，从左向右"3个选项。

图3-4　文本工具的"属性"面板

- **"系列"下拉列表框**：在该下拉列表框中可设置文本的字体，其中的选项为计算机中安装的字体。

- **"大小"数值框**：用于设置文本字体的大小。

- **"字母间距"数值框**：用于设置文本每个字符的间隔。

- **"颜色"色块**：用于设置文本的颜色。

- **"上标"按钮**：用于将选择的文本设置为上标。

- **"下标"按钮**：用于将选择的文本设置为下标。

- **"格式"选项**：用于设置段落的对齐方式，有左对齐▤、居中对齐▤、右对齐▤和两端对齐▤4个按钮。

- **"间距"选项**：其中的▤数值框用于设置段落的首行缩进，▤数值框用于设置文本的行间距。

- **"边距"选项**：其中的▤数值框用于设置段落的左缩进，▤数值框用于设置段落的右缩进。

知识提示　　**以粗体和斜体的方式显示文本**

选择【文本】/【样式】菜单命令，在弹出的子菜单中选择"仿粗体"菜单命令，可以使文本以粗体的方式显示，选择"仿斜体"菜单命令，可以使文本以斜体的方式显示。

（三）"时间轴"面板

"时间轴"面板用于组织和控制一定时间内的图层和帧中的文件内容。选择【窗口】/【时间轴】菜单命令，打开"时间轴"面板，如图3-5所示。

"时间轴"面板中各选项的含义如下。

- **帧**：Animate动画最基础的组成部分，播放时，Animate是以帧的排列顺序从左向右依次播放的，每个帧都存放于图层上。

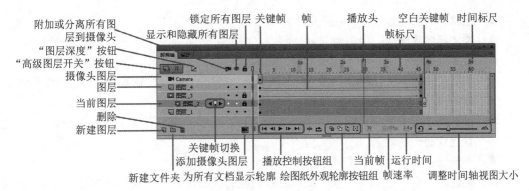

图3-5 "时间轴"面板

- **空白关键帧**：要在帧中创建图形，必须新建空白关键帧，此类帧在时间轴上以空心圆点显示。

- **关键帧**：在空白关键帧中添加元素后，空白关键帧被转换为关键帧。此时，空心圆点被转换为实心圆点。

- **帧标尺**：位于时间轴顶部，用于显示帧的编号，帮助用户快速定位帧位置。

- **时间标尺**：位于帧标尺上方，用于显示当前位置的时间。

- **播放头**：用于标识当前的播放位置，用户可以随意对其进行单击或拖曳操作。

- **图层**：用于存放舞台中的元素，可一个图层放置一个元素，也可一个图层放置多个元素。

- **当前图层**：当前正在编辑的图层。

- **关键帧切换**：在当前图层中会显示◀▣▶，单击◀按钮可将播放头移动到该图层的上一个关键帧；单击▶按钮可将播放头移动到该图层的下一个关键帧。

- **摄像头图层**：用于控制摄像头旋转和缩放的图层。

- **"高级图层开关"按钮**：单击▣按钮将打开或关闭高级图层功能。

- **"图层深度"按钮**：在打开高级图层功能时显示▨按钮，单击该按钮将打开"图层深度"面板，在其中可以调整图层深度。

- **附加或分离所有图层到摄像头**：单击图层列表左上方的▩按钮可以将所有图层附加到摄像头，或从摄像头分离，附加到摄像头的图层会跟随摄像头图层一起旋转和缩放。

- **显示和隐藏所有图层**：单击图层列表左上方的▣按钮，所有图层都将被隐藏。再次单击该按钮，将显示所有的图层。

- **锁定所有图层**：单击图层列表左上方的▣按钮，所有图层都将不能被操作。再次单击该按钮，将解锁所有图层。

- **为所有文档显示轮廓**：每个图层名称的最右边都有多个颜色块，表示该图层元素的轮廓色。单击图层列表右上方的▣按钮，所有图层中的元素都会显示轮廓色。再次单击该按钮，将取消显示该轮廓色。显示图层轮廓色可以帮助用户更好地识别元素所在的图层。

- **新建图层**：单击▣按钮，可新建一个图层。

- **新建文件夹**：单击▣按钮，可新建一个文件夹。将相同属性和一个类别的图层放置在一个文件夹中以方便编辑管理。

- **删除**：单击 按钮，可删除选中的图层。
- **添加摄像头图层**：单击 按钮，将在"时间轴"面板中添加一个摄像头图层。
- **播放控制按钮组**：用于控制动画的播放，从左到右依次为"转到第一帧"按钮 、"后退一帧"按钮 、"播放"按钮 、"前进一帧"按钮 和"转到最后一帧"按钮 。
- **绘图纸外观轮廓按钮组**：用于在舞台中同时显示多帧的情况，一般用于编辑、查看有连续动作的动画。
- **当前帧**：用于显示或设置播放头的位置。
- **帧速率**：用于显示当前动画文档每秒播放的帧数，动画的动作越细腻，需要的帧速率越高。
- **运行时间**：用于显示播放头所在位置的播放时间，也可以将播放头移动到相应的时间位置。
- **调整时间轴视图大小**：单击 按钮，可以缩小时间轴视图，以显示更多的帧；单击 按钮，可以放大时间轴视图，以显示更少的帧；拖动 滑块，可以手动调整时间轴的视图大小；单击 按钮可以将时间轴的视图大小恢复到默认状态。

三、任务实施

下面输入文本，然后设置字符样式和段落样式，再使用文本工具添加文字，具体操作如下。

微课视频

制作音乐节海报

（1）启动Animate CC 2018，选择【文件】/【打开】菜单命令，打开"音乐节.fla"动画。在"时间轴"面板中单击"新建图层"按钮 ，新建"图层2"。选择文本工具 ，打开"属性"面板。在其中设置"系列、大小、颜色"分别为"方正中等线简体、24.0磅、#000000"，拖曳鼠标，在舞台左上角绘制一个文本容器，然后输入文本，如图3-6所示。

（2）选择输入的文本，在"属性"面板中展开"段落"选项。在其中设置"缩进、行距"分别为"45.0 像素、10.0 点"，如图 3-7 所示。

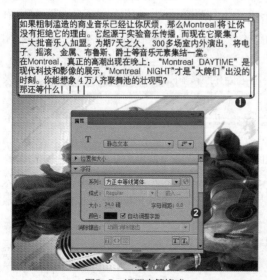

图3-6 设置字符格式

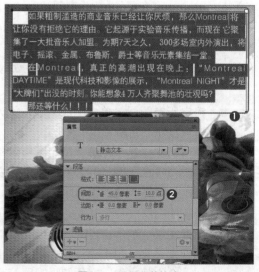

图3-7 设置段落格式

（3）在舞台右上方单击鼠标并输入文本，使用任意变形工具 旋转文本。选择文本，在"属性"面板中设置其"系列、大小、颜色"分别为"方正粗倩简体、38.0磅、#990000"，如图3-8所示。

（4）在舞台右下方单击鼠标并输入文本。选择输入的文本，在"属性"面板中设置其"系列、大小、颜色"分别为"方正粗倩简体、21.0磅、#000000"，如图3-9所示。

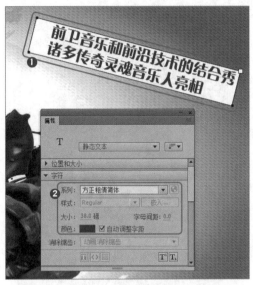

图3-8　继续输入文本

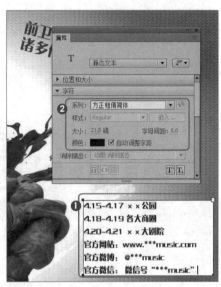

图3-9　输入时间地点

（5）新建"图层3"，在舞台中间输入"音乐会"文本，选择输入的文本，在"属性"面板中设置其"系列、大小、颜色"分别为"方正粗倩简体、150.0磅、#000000"，如图3-10所示。

（6）复制"图层3"，将文本颜色改为"#FFFFFF"，然后使用选择工具 将文本向左上角移动 小段距离，露出文本的阴影，如图3-11所示。

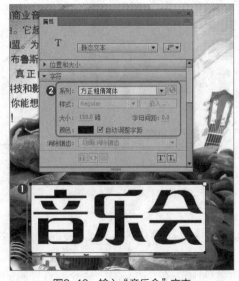

图3-10　输入"音乐会"文本

图3-11　制作阴影

（7）锁定"图层1"和"图层2"，使用选择工具 ▶ 框选"音乐会"文本和阴影。按【F8】键，打开"转换为元件"对话框，设置"名称、类型"分别为"标题、影片剪辑"，单击"确定"按钮，将标题转换为元件，如图 3-12 所示。

（8）双击转换后的"标题"元件，进入其编辑界面，按两次【F6】键，插入两个关键帧，选择其中的文本，选择【窗口】/【变形】菜单命令，打开"变形"面板，在其中设置"缩放宽度、缩放高度"均为"110.0%"，如图 3-13 所示。

图3-12　转换为元件

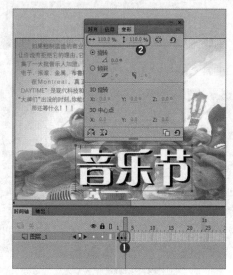

图3-13　编辑"标题"元件

（9）使用任意变形工具 ▦ 将文本顺时针旋转一定的角度，如图 3-14 所示。

（10）按两次【F6】键，插入两个关键帧。再次将宽度和高度放大 110%，并使用任意变形工具 ▦ 将文本逆时针旋转，如图 3-15 所示。

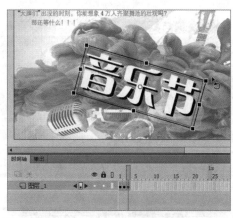

图3-14　顺时针旋转文本

图3-15　逆时针旋转文本

（11）选择第1~5帧，单击鼠标右键，在弹出的快捷菜单中选择"复制帧"命令，复制选择的帧，如图 3-16 所示。

（12）选择第 6 帧，单击鼠标右键，在弹出的快捷菜单中选择"粘贴帧"命令，将复制的帧粘贴到第6~10帧，如图 3-17 所示。

图3-16　复制帧　　　　　　　　　　　　图3-17　粘贴帧

（13）选择粘贴的第 6~10 帧，单击鼠标右键，在弹出的快捷菜单中选择"翻转帧"命令，如
　　　图 3-18 所示。

（14）按【Enter】键播放动画，可以看到"音乐节"文本不停地缩放和旋转，以产生一种跳
　　　动的感觉，如图 3-19 所示。

图3-18　翻转帧　　　　　　　　　　　　图3-19　播放效果

（15）按【Ctrl+S】组合键保存文件，完成本任务的操作。

任务二　制作招聘DM单

　　米拉想使用Animate制作一张招聘DM单，需要对其中的一些文本进行变形、填充位图及
设置边框等操作。老洪告诉米拉，在Animate中要对文本进行变形、设
置特殊的填充效果及设置边框等操作，很多时候需要先将文本分离，
将其转换为普通的绘制对象后才能进行操作。

微课视频

效果预览

素材所在位置　素材文件\项目三\任务二\招聘DM单.fla
效果所在位置　效果文件\项目三\任务二\招聘DM单.fla

一、任务目标

　　练习制作招聘DM单，制作时先分离文本，然后进行变形，并设置填充和边框。通过本
任务的学习，用户可以掌握文本变形及为文本设置填充和边框的方法。本任务完成后的效果
如图3-20所示。

图3-20　招聘DM单

二、相关知识

本任务主要使用文本变形、设置文本填充边框等功能来实现。

（一）文本变形

在Animate中可以使用任意变形工具对文本进行缩放、旋转和倾斜等一般变形操作，如图3-21所示。

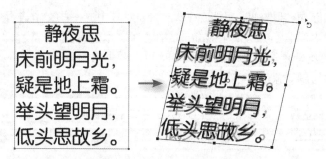

图3-21　对文本进行一般变形

对文本进行扭曲和封套操作时，需要先选择两次【修改】/【分离】菜单命令，或按两次【Ctrl+B】组合键，将文本转换为普通绘制对象后，再进行扭曲和封套操作。图3-22所示为对文本进行封套操作的步骤。

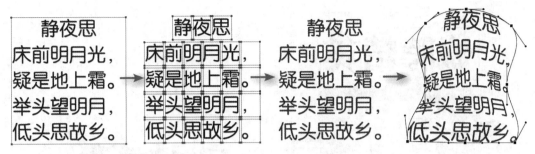

图3-22　对文本进行封套操作

（二）文本填充

在Animate中，文本只能填充纯色，要对文本填充线性渐变、径向渐变、位图等效果，也需要先将文本分离为普通的绘制对象后，再通过"颜色"面板设置填充。图3-23所示为为文本填充线性渐变的步骤。

图3-23　为文本填充线性渐变

（三）文本边框

在Animate中，文本是没有边框的，要为文本添加边框，需要先将文本分离为普通的绘制对象，然后使用墨水瓶工具依次单击文本的每一条边缘，为其添加边框，如图3-24所示。

图3-24　为文本添加边框

三、任务实施

微课视频

制作标题文本

（一）制作标题文本

为了突出重点，吸引受众，可以单独设置文本的大小，再为文本填充图片，以增强其视觉效果。下面制作标题文本，具体操作如下。

（1）启动Animate CC 2018，打开"招聘DM单.fla"文件。新建一个图层，然后使用文本工具 T 在舞台上方输入"诚聘精英"文本，设置系列为"方正剪纸简体"，大小为100.0磅，如图3-25所示。

（2）使用任意变形工具 对文本进行倾斜变形，如图3-26所示。

（3）按【Ctrl+B】组合键分离文本，然后使用任意变形工具 调整每个文本的大小，如图3-27所示。

（4）在"精英"文本下方输入英文"RECRUITMENT"，设置系列为"方正大黑简体"，大小为30.0磅，然后使用任意变形工具 对文本进行倾斜变形，如图3-28所示。

图3-25　输入文本

图3-26　倾斜变形文本

图3-27　调整每个字的大小

图3-28　输入文本

（5）使用钢笔工具 ✍ 在"RECRUITMENT"文本下方绘制一个三角形，然后使用颜料桶工具 🅰 为三角形填充黑色（#000000），如图3-29所示。

（6）使用选择工具 ▶ 选择"诚聘精英"文本、"RECRUITMENT"文本和三角形，按两次【Ctrl+B】组合键将所选内容转换为普通的绘制图形，在"颜色"面板中设置填充类型为"位图填充"，单击"导入"按钮，如图3-30所示。

图3-29　绘制三角形

图3-30　设置为位图填充

（7）在打开的"导入到库"对话框中选择"背景.png"文件，单击"打开"按钮，如图3-31
所示。位图填充后的效果如图3-32所示。

图3-31　"导入到库"对话框

图3-32　位图填充效果

（二）添加其他文本

输入职位信息、联系方式等文本，并根据需要设置相应的格式，
具体操作如下。

微课视频

添加其他文本

（1）在中间的蓝色方框中输入文本"加入我们"，设置系列为"方正
大黑简体"，大小为30.0磅，如图3-33所示。

（2）按两次【Ctrl+B】组合键分离文本，然后在空白位置单击鼠
标。选择墨水瓶工具，在"属性"面板中设置笔触颜色为
"#003366"，笔触大小为"1.00"，依次单击文本中的每一个边缘，为文本添加边框
效果，如图3-34所示。

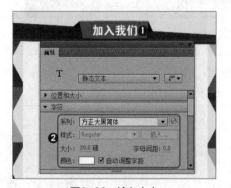

图3-33　输入文本

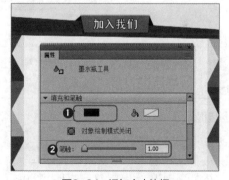

图3-34　添加文本边框

（3）在下方的浅黄色方框中输入招聘职位的具体信息，职位名称的"系列、大小、颜
色和行距"分别为"方正大黑简体、24.0磅、#0064A7、5.0点"，圆点的颜色为
"DD137B"，职位要求的"系列、大小颜色、左缩进、行距"分别为"方正准圆简
体、14.0磅、#333333、30.0像素、5.0点"，效果如图3-35所示。

（4）在浅黄色方框的下方输入电话和地址，设置"系列、大小和颜色"分别为"方正大黑简
体、15.0磅、#DD137B"，如图3-36所示。

（5）按【Ctrl+S】组合键保存文件，完成本任务的操作。

63

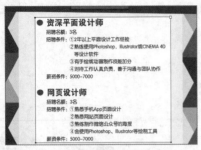

图3-35　输入招聘职位的具体信息　　　　图3-36　输入电话和地址

实训一　制作中秋横幅广告

【实训要求】

　　公司要在网站中添加一个中秋横幅广告，老洪让米拉制作。完成后的效果如图3-37所示。

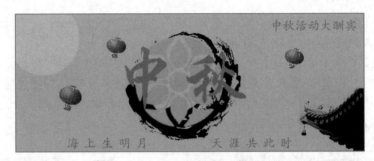

图3-37　中秋横幅广告

　素材所在位置　素材文件\项目三\实训一\中秋横幅广告.fla
　效果所在位置　效果文件\项目三\实训一\中秋横幅广告.fla

【步骤提示】

（1）打开素材文件。

（2）在右上角输入"中秋活动大酬宾"文本，设置"系列、大小和颜色"分别为"方正楷体简体、23.0磅、#FF6600"。

（3）在中间输入"中秋"文本，设置"系列、大小和颜色"分别为"方正行楷简体、120.0磅、#FF6600"。

（4）在下方输入"海上生明月　天涯共此时"文本，设置"系列、大小和颜色"分别为"方正楷体简体、23.0磅、#FF6600"。

中秋横幅广告

实训二　制作环保宣传广告

【实训要求】

　　公司让米拉制作一个环保宣传广告，完成后的效果如图3-38所示。

图3-38　环保宣传广告

素材所在位置　素材文件\项目三\实训二\环保宣传广告.fla
效果所在位置　效果文件\项目三\实训二\环保宣传广告.fla

【步骤提示】

（1）打开素材文件，新建一个图层。
（2）输入文本，设置"系列、大小和颜色"分别为"方正粗宋简体、45.0磅、#000099"。
（3）按两次【Ctrl+B】组合键分离文本。
（4）对分离后的文本进行扭曲变形。

课后练习

（1）打开提供的"广告单.fla"素材，在其中输入标题文本和价格文本，并设置合适的字体和颜色，完成后的最终效果如图3-39所示。

图3-39　制作广告单

素材所在位置　素材文件\项目三\课后练习\广告单.fla
效果所在位置　效果文件\项目三\课后练习\广告单.fla

（2）打开提供的"新年贺卡.fla"素材，在其中输入祝贺词和年份文本，并设置合适的字体和颜色，完成后的最终效果如图3-40所示。

图3-40　制作新年贺卡

 素材所在位置　素材文件\项目三\课后练习\新年贺卡.fla
效果所在位置　效果文件\项目三\课后练习\新年贺卡.fla

技巧提升

问：怎样为文本添加阴影和发光效果？

答：这些效果可以通过滤镜来实现，不过在HTML5 Canvas类型中，不能直接为文本添加滤镜，可以先按【F8】键将文本转换为影片剪辑元件后再添加滤镜。

问：怎样快速替换字体？

答：使用查找和替换功能可以快速将动画文件中使用的某一种字体替换为另一种字体，或者将所有的字体替换为另一种字体。

按【Ctrl+F】组合键打开"查找和替换"面板，在"搜索"下拉列表中选择"字体"选项，可替换字体，如图3-41所示。

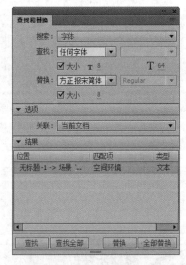

在"查找"下拉列表中可以选择要查找的字体，选择"任何字体"选项，可以查找所有的字体。选中"大小"复选框，将只查找指定大小范围内的字体。

在"替换"下拉列表中可以选择替换后的字体，选中"大小"复选框，可以将查找到的字体替换为指定大小。

在"关联"下拉列表中可以选择查找范围，有"当前帧""当前场景""当前文档"和"所有打开的文档"4个选项。

图3-41　"查找和替换"面板

项目四
使用元件与素材

04

情景导入

在米拉掌握了添加与编辑文本的操作后，老洪开始教米拉在动画中使用元件与素材的方法。

学习目标

● 掌握元件和"库"面板的使用方法。
包括认识元件和实例、创建元件、编辑元件、为实例添加滤镜效果、认识"库"面板等。

● 掌握导入图片素材的方法。
包括导入一般位图、导入PSD文件、导入AI文件、将位图转换为矢量图等。

思政提示

心怀感恩　文学素养

案例展示

▲"生日贺卡"海报效果

▲水彩画

任务一　制作生日贺卡

米拉有一位朋友的生日快到了，她想用Animate制作一张生日贺卡，要用的素材都在另一个Animate动画文件里，于是她一个一个地复制。老洪看到后告诉米拉，可以将其他的Animate动画文件作为外部库导入当前的动画文件中，这样使用起来就非常方便了，另外，还可以将一些较为复杂、功能相关或需要重复使用的内容创建为元件，这样不仅可以提高工作效率，还方便查找和管理。

一、任务目标

练习制作一张生日贺卡，在制作时需要从外部库中导入素材，并将输入的文本转换为元件。通过本任务的学习，可以掌握创建元件和调用外部库的方法。本任务制作完成后的最终效果如图4-1所示。

素材所在位置　素材文件\项目四\任务一\生日贺卡.fla
效果所在位置　效果文件\项目四\任务一\生日贺卡.fla

图4-1　"生日贺卡"效果

二、相关知识

本任务主要通过元件和"库"面板来完成。

（一）认识元件和实例

在Animate中，可以将需要重复使用的元素转换为元件，以便调用，被调用的元素称为实例。元件是由多个独立的元素和动画合并而成的整体，每个元件都有一个唯一的时间轴和舞台，以及几个图层。在文件中使用元件可以减小文件的大小，还可以加快动画的播放速度。

实例是指位于舞台上或嵌套在另一个元件内的元件副本。Animate允许更改实例的颜色、大小、功能，且对实例的更改不会影响其父元件，但编辑元件会更新它的所有实例。在Animate中可以创建影片剪辑、图形和按钮3种类型的元件。

- **影片剪辑元件**：影片剪辑元件拥有独立于主时间轴的多帧时间轴，在其中可包含交互组件、图形、声音及其他影片剪辑实例。播放主动画时，影片剪辑元件也会随着主动画循环播放。使用影片剪辑可以创建和重用动画片段，也可以将影片剪辑实例放在按钮元件的时间轴内，以创建动画按钮。

- **图形元件**：图形元件是制作动画的基本元素之一，用于创建可反复使用的图形或连接到主时间轴的动画片段。图形元件可以是静止的图片，也可以是由多帧组成的动画。图形元件与主时间轴同步运行，且交互式控件和声音在图形元件的动画序列中不起作用。

- **按钮元件**：在按钮元件中可以创建用于响应鼠标单击、滑过和其他动作的交互式按钮，包含弹起、指针经过、按下、单击4种状态。在这4种状态的时间轴中都可以插入影片剪辑来创建动态按钮，还可以给按钮元件添加脚本程序，使按钮具有交互功能。

（二）创建元件

在Animate中，可以将舞台中的图形转换为元件，也可先创建一个元件，并在元件中绘制对象。

- **将图形转换为元件**：在舞台中选择需要转换为元件的图形对象或图片，选择【修改】/【转换为元件】菜单命令或按【F8】键，打开"转换为元件"对话框，在"名称"文本框中输入元件的名称，在"类型"下拉列表中选择元件类型，单击"确定"按钮，即可将图形转换为元件。此时在"库"面板中可查看新建的元件，如图4-2所示。

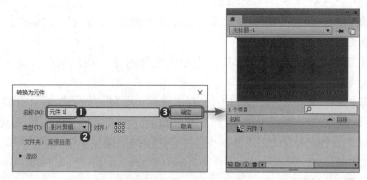

图4-2 将图形转换为元件

- **直接创建元件**：除了可将已存在的对象创建为元件外，还可以新建空白的元件，然后在其中绘制元件的内容。直接创建元件的方法比较简单，不选择舞台中的任何对象，然后选择【插入】/【新建元件】菜单命令或按【Ctrl+F8】组合键，打开"创建新元件"对话框，如图4-3所示，在其中设置元件名称和类型，单击"确定"按钮即可创建元件。

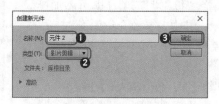

图4-3 直接创建元件

69

知识
提示

转换元件类型

在 Animate 中创建元件时会定义元件的类型，若要更改元件的类型，可在"库"面板中选择需要转换类型的元件，在该面板的底部单击"属性"按钮 ⓘ 打开"元件属性"对话框，在"类型"下拉列表中更改元件的类型即可，如图4-4所示。

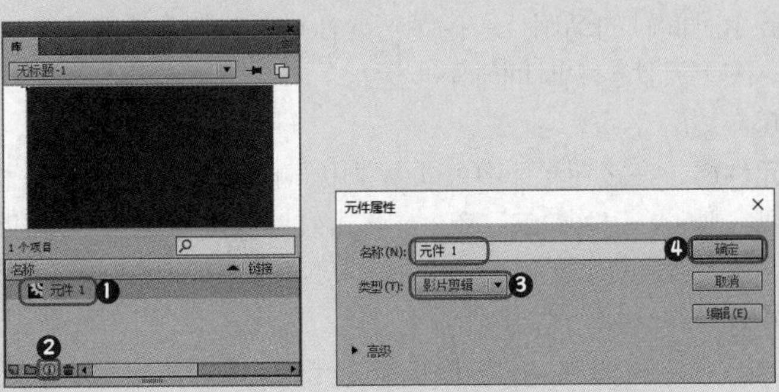

图4-4　转换元件类型

（三）编辑元件

元件的编辑方法与舞台中对象的编辑方法相同，使用"工具"面板中的工具和菜单栏中的各个菜单命令即可编辑。在编辑元件时，需要先进入元件编辑窗口，即元件编辑模式。打开元件编辑窗口的方法有很多，具体介绍如下。

- **菜单命令**：在舞台中选择需要编辑的元件实例，然后选择【编辑】/【编辑元件】菜单命令。
- **鼠标右键**：在舞台中的元件实例上单击鼠标右键，在弹出的快捷菜单中选择"编辑"命令。
- **鼠标双击**：在舞台中的元件实例上双击鼠标，即可进入元件编辑窗口。
- **"库"面板**：在"库"面板中双击要编辑的元件的名称，即可进入元件编辑窗口。也可以在元件名称上单击鼠标右键，在弹出的快捷菜单中选择"编辑"命令，进入元件编辑窗口。

（四）为实例添加滤镜效果

在"属性"面板的"滤镜"栏中可以为实例添加滤镜效果。在HTML5 Canvas类型下，支持"投影""模糊""发光"和"调整颜色"4种滤镜效果。

1. 应用投影滤镜

投影滤镜可以为元件实例添加阴影效果。选择要应用投影的实例，在"属性"面板的"滤镜"栏中，单击 ➕▾ 按钮，在打开的下拉列表中选择"投影"选项，即可添加投影滤镜，其参数如图4-5所示，其中各参数介绍如下。

- **"模糊X"和"模糊Y"**：用于设置投影的宽度和高度。
- **强度**：用于设置阴影暗度，数值越大，阴影越暗。
- **品质**：用于设置投影的质量级别，设置为"高"

图4-5　投影滤镜

时，近似于高斯模糊，设置为"低"时，可以实现最佳回放性能。

● **角度**：用于设置阴影的角度，输入数值调整阴影方向。

● **距离**：用于设置阴影与对象之间的距离。

● **挖空**：用于挖空源对象，并在挖空图像上只显示投影。

● **内阴影**：用于在对象边界内应用阴影。

● **隐藏对象**：用于隐藏对象并只显示其阴影，可以更轻松地创建逼真的阴影。

● **颜色**：用于打开颜色选择器设置阴影颜色。

2. 模糊滤镜

模糊滤镜可用于柔化实例的边缘和细节，选择要应用模糊滤镜的实例，在"属性"面板的"滤镜"栏中单击 按钮，在打开的下拉列表中选择"模糊"选项，即可添加模糊滤镜，具参数如图4-6所示，其中各参数介绍如下。

● **"模糊X"和"模糊Y"**：用于设置模糊的宽度和高度。

● **品质**：用于选择模糊的质量级别，设置为"高"时，近似于高斯模糊，设置为"低"时，可以实现最佳的回放性能。

图4-6 模糊滤镜

3. 发光滤镜

使用发光滤镜，可以为实例周边添加一圈渐变到透明的颜色。选择要应用发光滤镜的实例，在"属性"面板的"滤镜"栏中单击 按钮，在打开的下拉列表中选择"发光"选项，即可添加发光滤镜，其参数如图4-7所示。其中各参数介绍如下。

● **"模糊X"和"模糊Y"**：用于设置发光的宽度和高度。

● **颜色**：用于设置发光的颜色。

● **强度**：用于设置发光的强度。

● **挖空**：用于挖空源对象并在挖空图像上只显示发光。

● **内发光**：用于在对象边界内应用发光。

● **品质**：用于选择发光的质量级别，设置为"高"时，近似于高斯模糊，设置为"低"时，可以实现最佳的回放性能。

图4-7 发光滤镜

4. 调整颜色滤镜

使用调整颜色滤镜可以调整所选实例的对比度、亮度、饱和度、色相这4项属性。选择要应用调整颜色滤镜的实例，在"属性"面板的"滤镜"栏中单击 按钮，在打开的下拉列表中选择"调整颜色"选项，即可添加调整颜色滤镜，其参数如图4-8所示。其中各参数介绍如下。

● **亮度**：用于调整实例的亮度，使实例更加明亮或更加昏暗。

● **对比度**：用于调整实例的对比度，增加或减小亮部和暗部的对比。

● **饱和度**：用于调整实例的饱和度，增加或降低实例颜色的鲜艳程度。

图4-8 调整颜色滤镜

● **色相**：用于调整实例的色相，改变实例的颜色。

（五）认识"库"面板

"库"面板主要用于存放和管理动画文件中的素材和元件，当需要某个素材或元件时，可直接从"库"面板中调用。选择【窗口】/【库】菜单命令，或按【Ctrl+L】组合键均可打开"库"面板，如图4-9所示。

"库"面板中的参数介绍如下。

- **"选择文件"下拉列表框**：若在Animate中打开了多个文件，则在"库"面板中可选择这些文件，从而方便地调用其他文件中的元件和素材。
- **"新建元件"按钮**：单击该按钮可新建元件。
- **"新建文件夹"按钮**：当"库"面板中存在很多素材和元件时，可单击该按钮，在"库"面板中新建文件夹，将相互关联的元素和元件放置在同一文件夹中，方便管理。
- **"属性"按钮**：在"库"面板中选择一个元件后，单击该按钮，可以在打开的"元件属性"对话框中更改元件的名称和类型等属性。
- **"删除"按钮**：单击该按钮，或按【Delete】键可以删除当前选择的元件。

图4-9 "库"面板

- **"固定当前库"按钮**：单击该按钮，按钮会变形为形状，此时可切换到其他文件，然后将固定库中的元件引用到其他文件中。
- **"新建库面板"按钮**：单击该按钮可新建一个包含当前"库"面板中所有素材和元件的"库"面板。

（六）调用外部库文件

一般情况下，"库"面板中显示的都是当前文件中创建的元件，除此之外，还可将其他文件作为外部库文件打开，将其中的元件导入当前的文件中使用。

选择【文件】/【导入】/【打开外部库】菜单命令，在打开的"打开"对话框中选择要作为外部库的文件，如图4-10所示。单击"打开"按钮，打开一个新的"库"面板，可以调用其中的元件，但不能修改，如图4-11所示。

图4-10 打开外部库　　　　　图4-11 新打开的"库"面板

三、任务实施

（一）从外部库文件中调用素材

从外部库文件中调用素材并调整大小和位置，具体操作如下。

微课视频

从外部库文件中
调用素材

（1）启动Animate CC 2018，新建一个400像素×500像素的HTML5 Canvas动画文件。

（2）选择【文件】/【导入】/【打开外部库】菜单命令，在打开的"打开"对话框中选择"外部库"文件，单击"打开"按钮，打开外部库。

（3）从"外部库"面板中将"背景.png"素材拖动到舞台中，将其大小和位置调整得与舞台一致，如图4-12所示。

（4）新建"图层2"，从"外部库"面板中将"阴影.png"素材拖动到舞台中，并使用任意变形工具▦进行倾斜变形，如图4-13所示。

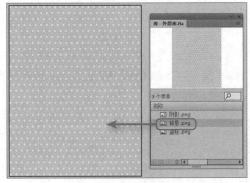

图4-12　添加背景素材

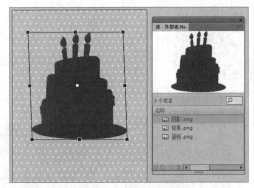

图4-13　添加阴影素材

（5）从"外部库"面板中将"蛋糕.png"素材拖动到舞台中，调整其位置，露出蜡烛部分的阴影，如图4-14所示。

（6）新建"图层3"，使用矩形工具▦在蛋糕下方绘制一个笔触为"无"、填充颜色分别为"#732C3C、#9C4152、#732C3C"的线性渐变的矩形，如图4-15所示。

图4-14　添加蛋糕素材

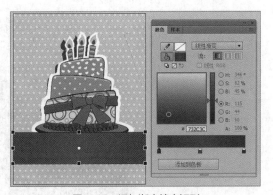

图4-15　添加渐变填充矩形

（7）在渐变填充矩形的上方绘制一个笔触为"无"、填充颜色为"#AA7B51"的矩形，如图4-16所示。

（8）将"图层3"移动到"图层2"的下方，将矩形移动到蛋糕图像下方，如图4-17所示。

图4-16　绘制矩形

图4-17　移动矩形到蛋糕图像下方

（二）创建元件并添加滤镜

输入文本并将其转换为影片剪辑元件，再为其添加投影滤镜，具体操作如下。

微课视频

创建元件并添加滤镜

（1）使用文本工具 T 在渐变填充矩形中输入"Happy Birthday"文本，设置"系列、大小和颜色"分别为"方正少儿简体、40.0磅、白色"，如图4-18所示。

（2）按【F8】键，打开"转换为元件"对话框，设置名称为"文本"，类型为"影片剪辑"，单击"确定"按钮将文本转换为影片剪辑元件，如图4-19所示。

图4-18　输入文本

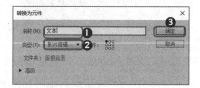

图4-19　转换为元件

（3）在"属性"面板的"滤镜"栏中单击 ☲ 按钮，在打开的列表中选择"投影"选项，然后设置投影的强度为"150%"，颜色为"#660000"，如图4-20所示。

图4-20　添加投影滤镜

（4）将文件保存为"生日贺卡.fla"，完成本任务的操作。

任务二 制作"水彩画"动画

米拉需要使用Animate制作一张"水彩画"动画，需要使用很多其他软件制作的图像素材，于是她向老洪请教怎样导入这些素材。老洪告诉米拉，在Animate中，可以将图像素材导入库，或者直接导入舞台中。

素材所在位置 素材文件\项目四\任务二\画板.psd、客厅.ai、画笔.png
效果所在位置 效果文件\项目四\任务二\水彩画.fla

一、任务目标

练习制作"水彩画"动画，先导入所需的素材文件，然后进行相应的调整即可。通过本任务的学习，用户可以掌握导入各种图像素材的方法。本任务完成后的效果如图4-21所示。

微课视频

效果预览

图4-21 水彩画动画效果

二、相关知识

本任务主要是将用各种其他软件制作好的素材文件导入"库"面板或者舞台中，避免再次绘制，节省制作时间。

（一）导入一般位图

在Animate中导入JPG、PNG、BMP等格式的图像非常简单，只需选择【文件】/【导入】/【导入到舞台】菜单命令或【文件】/【导入】/【导入到库】菜单命令，打开"导入"对话框，在其中选择需要导入的文件，单击"打开"按钮，即可将图像素材导入舞台或"库"面板中，如图4-22所示。

图4-22　导入一般位图素材

（二）导入PSD文件

PSD文件是指使用Photoshop制作的文件，Animate可以导入这类文件，并且保留图层、文本、路径等数据。

选择【文件】/【导入】/【导入到舞台】菜单命令或【文件】/【导入】/【导入到库】菜单命令，打开"导入"对话框，在其中选择PSD格式的文件，单击"打开"按钮，打开图4-23所示的对话框。其中各选项的功能如下。

- **选择所有图层**：选中"选择所有图层"复选框，将导入PSD文件中的所有图层。
- **图层选择框**：在其中可以单独选择要导入的图层。
- **具有可编辑图层样式的位图图像**：选中该单选项将保留图层的样式效果，并可以在Animate中编辑。
- **平面化位图图像**：选中该单选项可将图层转换为位图图像，路径和样式等效果不可编辑。
- **创建影片剪辑**：选中该复选框会将图层转换为影片剪辑元件，并可以设置其实例的名称和对齐位置。
- **发布设置**：用于设置图层图像的压缩方式和品质。
- **将图层转换为**：用于设置图层的转换方式，选择"Animate图层"

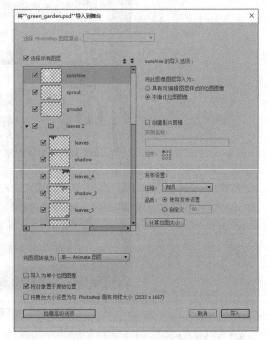

图4-23　导入PSD文件

选项，会将PSD中的每个图层都转换为Animate中的一个图层；选择"单一Animate图层"选项，将只建立一个Animate图层，PSD文件中所有图层的内容都放置在该图层中；选择"关键帧"选项，会为PSD文件中的每个图层创建一个关键帧。
- **导入为单个位图图像**：选中该复选框，将合并所有图层。
- **将对象置于原始位置**：选中该复选框，导入的图形将保留在AI文件中的原始坐标位置，否则将放置在舞台正中央的位置。
- **将舞台大小设置为与Photoshop画布同样大小**：选中该复选框，将设置Animate舞台的大小与Photoshop画布的大小相同。

（三）导入AI文件

AI文件是指使用Illustrator制作的文件，Animate可以导入AI文件，并且可以保留图层、文本、路径等数据。

选择【文件】/【导入】/【导入到舞台】菜单命令或【文件】/【导入】/【导入到库】菜单命令，打开"导入"对话框，在其中选择AI格式的文件，单击"打开"按钮，打开图4-24所示的对话框。其中各选项的功能与导入PSD文件的对话框中的类似。

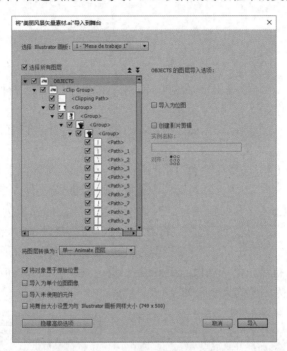

图4-24　导入AI文件

（四）将位图转换为矢量图

有些位图导入Animate后，对其进行大幅度的放大操作将出现锯齿现象，影响动画的整体效果。Animate提供了将位图转换为矢量图的功能，方便调整图形。

将位图文件导入舞台，或从"库"面板拖动到舞台后，选择该位图文件，再选择【修改】/【位图】/【转换位图为矢量图】菜单命令，打开"转换位图为矢量图"对话框，在其中设置相关参数，单击"确定"按钮，即可进行转换，如图4-25所示。

图4-25　"转换位图为矢量图"对话框

一般情况下，位图转换为矢量图后，可减小文件的大小，但若导入的位图包含复杂的形状和许多颜色，则转换后的矢量图文件可能比原始的位图文件大，用户可调整"转换位图为矢量图"对话框中的各个参数，找到文件大小和图像品质之间的平衡点。

"转换位图为矢量图"对话框中的各参数介绍如下。

● **颜色阈值**：当两个像素进行比较后，如果它们在RGB颜色值上的差异低于该颜色阈值，则认为这两个像素颜色相同。如果增大该阈值，则意味着减少了颜色的数量。

- **最小区域**：用于设置为某个像素指定颜色时需要考虑的周围像素的数量。
- **角阈值**：用于设置保留锐边或进行平滑处理。
- **曲线拟合**：用于设置绘制轮廓的平滑程度。

知识
提示

将矢量图转换为位图

在 Animate 中除了可以将位图转换为矢量图外，还可以将矢量图转换为位图。在舞台中选择要转换为位图的矢量图，然后选择【修改】/【转换为位图】菜单命令即可。

三、任务实施

微课视频

制作水彩画动画

导入PSD、AI和PNG格式的图片，然后进行相应的处理，具体操作如下。

（1）启动Animate CC 2018，新建一个HTML5 Canvas类型的动画文件。

（2）选择【文件】/【导入】/【导入到舞台】菜单命令，在打开的"导入"对话框中选择"画板.psd"文件，单击"打开"按钮。

（3）打开"将'画板.psd'导入到舞台"对话框，在"将图层转换为"下拉列表框中选择"单一 Animate图层"选项，选中"将舞台大小设置为与Photoshop画布同样大小"复选框，其他保持不变，单击"导入"按钮导入PSD图像，如图4-26所示。

（4）在时间轴中自动新建一个"画板.psd"图层，导入的所有图像均放置在该图层中，同时舞台的大小也变为图像的大小，如图4-27所示。

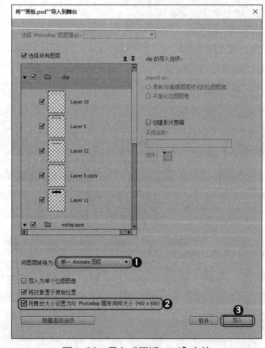

图4-26　导入"画板.psd"文件

图4-27　导入后的效果

（5）新建一个图层，选择【文件】/【导入】/【导入到舞台】菜单命令，在打开的"导入"对话框中选择"客厅.ai"文件，单击"打开"按钮。

（6）打开"将'客厅.ai'导入到舞台"对话框，在"将图层转换为"下拉列表框中选择"单一 Animate图层"选项，单击"导入"按钮导入AI图像，如图4-28所示，导入后的效果如图4-29所示。

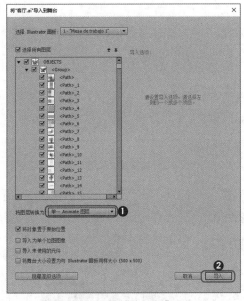

图4-28　导入"客厅.ai"图像

图4-29　导入AI图像后的效果

（7）使用选择工具 ▶ 选择白色的背景图像，然后按【Delete】键删除，单击"客厅.ai"图层的第1帧选择该帧中的所有内容，选择【修改】/【转换为位图】命令，将矢量图转换为位图，然后使用任意变形工具 ▦ 调整客厅图像的大小、倾斜角度和位置，如图4-30所示。

（8）将"画笔.png"图像导入舞台，然后使用任意变形工具 ▦ 调整其大小、旋转角度和位置，如图4-31所示。将文件保存为"水彩画.fla"，完成本任务的操作。

图4-30　调整客厅图像的大小和位置

图4-31　导入"画笔.png"图像

> **知识提示**
>
> **为什么要将矢量图转换为位图**
>
> 这里的"客厅.ai"文件是一个非常复杂的矢量图文件，发布后的动画文件会非常大，并且矢量图是需要计算机进行运算后才能显示的，过于复杂的矢量图会严重降低动画的打开和播放速度。

实训一　制作小池场景

【实训要求】

根据提供的素材文件"水面.png""荷塘.png"和"蜻蜓.fla"，制作一幅小池场景，并为场景配上合适的诗句。参考效果如图4-32所示。

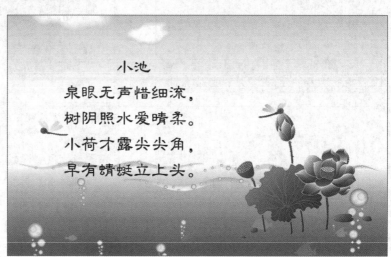

图4-32　小池场景

 素材所在位置　素材文件\项目四\实训一\水面.png、荷塘.png、蜻蜓.fla
效果所在位置　效果文件\项目四\实训一\小池.fla

【步骤提示】

（1）将素材文件"水面.png"导入舞台，调整其大小与舞台大小相同，并将其转换为影片剪辑元件，添加"调整颜色"滤镜，然后调整画面的颜色为绿色。

（2）将素材文件"荷塘.png"导入舞台，调整其大小和位置。

（3）使用文本工具 T 在舞台左侧输入诗句。

（4）选择【文件】/【导入】/【打开外部库】菜单命令，打开"打开"对话框，在其中选择素材文件夹中的"蜻蜓.fla"文件。

（5）在打开的"外部库"面板中，将"蜻蜓飞"元件拖动到舞台中，最后保存文件即可。

实训二　制作夏日沙滩场景

【实训要求】

打开提供的"夏日沙滩.psd"素材文件，利用选择工具与任意变形工具，将素材移动到场景中，组合成一幅夏日沙滩的场景图。参考效果如图4-33所示。

微课视频

效果预览

图4-33　夏日沙滩场景

素材所在位置　素材文件\项目四\实训二\夏日沙滩.psd
效果所在位置　效果文件\项目四\实训二\夏日沙滩.fla

【步骤提示】

（1）设置舞台背景颜色为浅蓝色。
（2）将素材文件"夏日沙滩.psd"导入舞台中，导入时将图层转换为 Animate图层。
（3）调整各图层中图像的大小和位置。
（4）选择底部的沙滩图像，选择【修改】/【位图】/【转换位图为矢量图】菜单命令，将位图转换为矢量图。

微课视频

夏日沙滩场景

课后练习

（1）将提供的"素材.fla"文件作为外部库打开，然后从新打开的"库"面板中依次将"草坪""树干"和"花"图形元件拖动到舞台中，合成"花树"场景，完成后的效果如图4-34所示。

素材所在位置　素材文件\项目四\课后练习\素材.fla
效果所在位置　效果文件\项目四\课后练习\花树.fla

图4-34 花树效果

（2）将提供的素材文件导入"库"面板中，合成"春游"场景，要求画面整洁、风格清新、色彩搭配合理。

提示：由于需要导入的素材文件较多，所以可以逐步导入，根据层叠关系，先绘制云朵和绿色草地，然后依次导入"房子.ai""太阳.psd""树.psd""花.png""花2.png""蝴蝶.png""幸运草.psd"，并将这些文件移至舞台中，调整其大小、旋转方向、排列顺序等。处理后的效果如图4-35所示。

图4-35 "春游"场景

素材所在位置 素材文件\项目四\课后练习\房子.ai、太阳.psd、树.psd、花.png、花2.png、蝴蝶.png、幸运草.psd

效果所在位置 效果文件\项目四\课后练习\春游.fla

技巧提升

问：怎样复制与粘贴滤镜效果？

答：若要对多个对象应用同一种设置好的滤镜，可直接复制并粘贴滤镜。选择一个实例后，在其"属性"面板的"滤镜"栏中单击"选项"按钮 ⚙️，在打开的列表中选择"复制选定的滤镜"选项，可以复制当前选择的滤镜，选择"复制所有滤镜"选项，可以复制当前元件的所有滤镜，如图4-36所示。

选择要应用滤镜的对象，单击"选项"按钮 ⚙️，在打开的列表中选择"粘贴滤镜"选项，可将复制的滤镜粘贴到该实例中，如图4-37所示。

图4-36　复制滤镜　　　　　　　　　　　　　图4-37　粘贴滤镜

问：怎样删除位图的背景色？

答：对于颜色数量较少的位图，可以先将其转为矢量图，然后用选择工具 ▶ 选择背景色部分，最后按【Delete】键即可删除，如图4-38所示。这样不仅可以删除背景，还可以减小图像大小。

图4-38　通过转换为矢量图删除背景

而对于颜色数量较多的图像，转换为矢量图不仅会增加文件大小，而且图像的效果也会变差，这时可以按【Ctrl+B】组合键将图像文件分离，然后使用魔术棒工具 🪄 选择位图的背景色部分，按【Delete】键即可删除，如图4-39所示。

图4-39　通过魔术棒工具删除背景

项目五
制作基本动画

情景导入

　　米拉在掌握了元件与素材的使用方法后，老洪开始教米拉在Animate中制作动画的方法，首先从基本动画开始。

学习目标

- ● 掌握"时间轴"面板的使用方法。
  包括帧的编辑、图层的运用、动画播放控制等。
- ● 掌握基本动画的制作方法。
  包括Animate的基本动画类型、各种动画在时间轴中的标识、创建逐帧动画、创建补间形状动画、创建传统补间动画、创建补间动画等。

- ● 掌握设置动画属性的方法。
  包括设置形状补间动画属性、设置传统补间动画属性、设置补间动画属性等。

思政元素

探索未知　家国情怀

案例展示

▲跳动文字效果

▲促销广告动画效果

任务一 制作"跳动文字"动画

老洪首先教米拉制作一个"跳动文字"动画，该动画主要通过对图层和帧的操作来实现，再结合滤镜效果，使制作的文字比静态的文字更加生动。

一、任务目标

新建一个空白动画文档，在其中导入背景并重命名图层，然后输入文字，使用分离到图层和对帧进行编辑的方法制作跳动文字效果。本任务制作完成后的最终效果如图5-1所示。

| **素材所在位置** | 素材文件\项目五\任务一\背景.png |
| **效果所在位置** | 效果文件\项目五\任务一\跳动文字.fla |

图5-1　跳动文字的效果

二、相关知识

微课视频

效果预览

在制作前，需要掌握帧的操作和图层的运用，下面分别介绍这些知识。

（一）帧的编辑

在时间轴中，使用帧来组织和控制文件的内容。因为用户在时间轴中放置帧的顺序将决定帧内对象在最终内容中的显示顺序，所以，帧的编辑在很大程度上影响动画的最终效果。下面讲解编辑帧的常用方法。

1. 选择帧

在编辑帧前，用户需要选择帧，图5-2所示的蓝色区域为选中的帧。为了便于编辑，Animate提供了多种选择帧的方法，下面分别进行介绍。

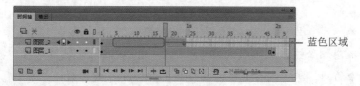

图5-2　选择帧

● 若要选择一个帧，可以单击该帧。
● 要选择多个连续的帧，可以在选择一个帧后，在按住【Shift】键的同时单击其他帧，或者使用鼠标拖曳的方式进行选择。

- 要选择多个不连续的帧，可以按住【Ctrl】键，单击所要选择的帧。
- 要选择整个静态帧范围，可双击两个关键帧之间的帧。
- 要选择某一图层上的所有帧，可以单击该图层名称。
- 要选择所有帧，可以选择【编辑】/【时间轴】/【选择所有帧】菜单命令。

2. 插入帧

为了动画效果的需要，用户还可以自行选择插入不同类型的帧。下面讲解插入帧的3种常见方法。

- 要插入新帧，可选择【插入】/【时间轴】/【帧】菜单命令或按【F5】键。
- 要插入关键帧，可选择【插入】/【时间轴】/【关键帧】菜单命令或按【F6】键。
- 要插入空白关键帧，可选择【插入】/【时间轴】/【空白关键帧】菜单命令或按【F7】键。

3. 复制、粘贴帧

在制作动画时，根据实际情况有时需要复制帧、粘贴帧。如果用户只需要复制一帧，可在按住【Alt】键的同时，将该帧移动到需要复制的位置；若要复制多帧，则可在选择帧后，单击鼠标右键，在弹出的快捷菜单中选择"复制帧"命令，选择需要粘贴的位置后，单击鼠标右键，在弹出的快捷菜单中选择"粘贴帧"命令，如图5-3所示。

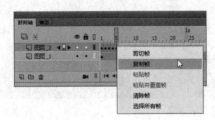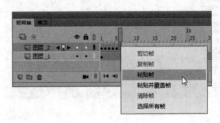

图5-3　复制与粘贴帧

知识提示

复制与粘贴帧的其他方法

选择要复制的帧后，可选择【编辑】/【时间轴】/【复制帧】菜单命令复制帧；选择需要粘贴的位置后，可选择【编辑】/【时间轴】/【粘贴帧】菜单命令粘贴帧。

4. 删除帧

对于不用的帧，可以将其删除。删除帧的方法为：选择需要删除的帧，单击鼠标右键，在弹出的快捷菜单中选择"删除帧"命令，或按【Shift+F5】组合键删除帧，如图5-4所示。

知识提示

清除帧

若不想删除帧，只想删除帧中的内容，可通过清除帧来实现。其方法为：选择需清除的帧，单击鼠标右键，在弹出的快捷菜单中选择"清除帧"命令。

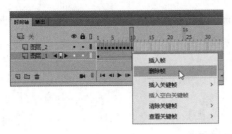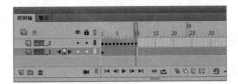

图5-4　删除帧

5. 移动帧

在编辑动画时，可能会遇到因为帧顺序不对需要移动帧的情况。移动帧的方法很简单，选择关键帧或含关键帧的序列，然后将其拖曳到目标位置即可，如图5-5所示。

6. 转换帧

在Animate中，用户还可以在不同的帧类型之间转换，不需要删除帧之后再新建帧。转换帧的方法为：在需要转换的帧上单击鼠标右键，在弹出的快捷菜单中选择"转换为关键帧"或"转换为空白关键帧"命令。

另外，若想将关键帧、空白关键帧转换为帧，可选择需转换的帧，单击鼠标右键，在弹出的快捷菜单中选择"清除关键帧"命令，如图5-6所示。

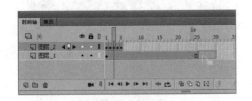

图5-5　移动帧　　　　　　　　　　　图5-6　转换帧

7. 翻转帧

通过翻转帧操作，可以翻转选择的帧的顺序，将开头的帧调整到结尾，将结尾的帧调整到开头。其方法为：选择含关键帧的帧序列，单击鼠标右键，在弹出的快捷菜单中选择"翻转帧"命令，如图5-7所示，将该序列的帧顺序颠倒。

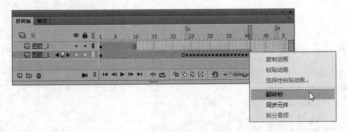

图5-7　翻转帧

（二）图层的运用

图层就像堆叠在一起的多张幻灯片，每个图层都包含一个显示在舞台中的图像。使用图层可以帮助用户组织文件中的插图，也可以在图层上绘制和编辑对象，不会影响其他图层上的对象。在没有内容的舞台区域中，可以透过该图层看到下面图层的内容。

要绘制、填色或者修改图层或文件夹，可以在时间轴中选择该图层以将其激活。时间轴中显示了图层或文件夹的名称，名称右边有关键帧切换按钮◀■▶，表示该图层或文件夹处于活动状态。在图层中一次只能有一个图层处于活动状态。

1. 创建、使用和组织图层

新建的Animate文件只包含一个图层。要在文件中组织插图、动画和其他元素，需要添加更多的图层。

要组织和管理图层，可以创建图层文件夹，然后将图层放入其中。可以在"时间轴"面板中展开或折叠图层文件夹，不会影响在舞台中看到的内容。下面分别介绍创建、使用和组织图层的方法。

● 创建图层：单击"时间轴"面板底部的"新建图层"按钮🖿，或在任意图层上单击鼠标右键，在弹出的快捷菜单中选择"插入图层"命令可创建图层。创建一个图层后，该图层将出现在所选图层的上方，如图5-8所示。新添加的图层将成为当前图层。

● 选择图层：在"时间轴"面板中单击图层的名称，可直接选择图层。在按住【Shift】键的同时，单击任意两个图层，可选择两个图层之间的所有图层。在按住【Ctrl】键的同时，单击鼠标可选择多个不相邻的图层，图5-9所示为选择不相邻的图层。

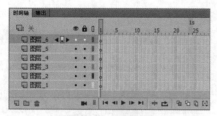

图5-8　新建图层

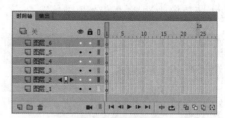

图5-9　选择图层

● 重命名图层：双击图层名称，当图层名称呈蓝色显示时输入新名称。也可在需要重命名的图层上单击鼠标右键，在弹出的快捷菜单中选择"属性"命令，在打开的"图层属性"对话框中进行相应的设置，如图5-10所示。

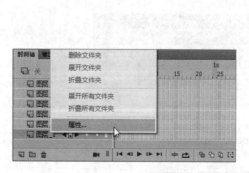

图5-10　重命名图层

● 复制图层：选择【编辑】/【时间轴】/【直接复制图层】菜单命令，或在需要复制的图层上单击鼠标右键，在弹出的快捷菜单中选择"复制图层"命令，可以直接复制当前选择的图层，如图5-11所示。

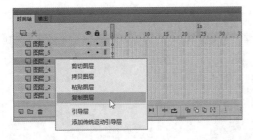

图5-11　复制图层

- **复制与粘贴图层**：在需要复制的图层上单击鼠标右键，在弹出的快捷菜单中选择"拷贝图层"命令，然后在需要粘贴图层的位置单击鼠标右键，在弹出的快捷菜单中选择"粘贴图层"命令，即可将复制的图层粘贴到选择的图层上方，如图5-12所示。

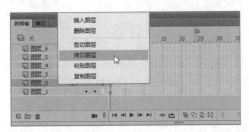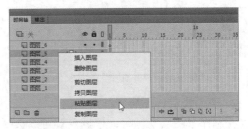

图5-12　复制与粘贴图层

- **调整图层顺序**：单击并拖曳需要调整顺序的图层，拖曳时会出现一条线。将其拖曳到目标位置后，释放鼠标左键即可调整图层顺序，如图5-13所示。
- **删除图层**：选择需要删除的图层，单击"删除"按钮 。也可在需要删除的图层上单击鼠标右键，在弹出的快捷菜单中选择"删除图层"命令，如图5-14所示。

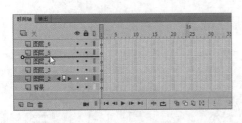

图5-13　调整图层顺序　　　　　　　　图5-14　删除图层

- **创建图层文件夹**：单击"时间轴"面板底部的"新建文件夹"按钮 。新文件夹将出现在所选图层或文件夹的上方，如图5-15所示。
- **将图层放入文件夹中**：选择需要移动到文件夹中的图层，将其拖曳到文件夹图标上方，释放鼠标左键，即可将图层放入文件夹中，如图5-16所示。
- **展开或折叠文件夹**：要查看文件夹包含的图层而不影响舞台中可见的图层，需要展开或折叠该文件夹。要展开或折叠文件夹，可以单击该文件夹名称左侧的 按钮或 按钮，如图5-17所示。
- **将图层移出文件夹**：展开文件夹后，在其下方选择需要移出的图层，将其拖曳到文件夹外侧，如图5-18所示。

图5-15　创建图层文件夹

图5-16　将图层放入文件夹中

图5-17　展开或折叠文件夹

图5-18　将图层移出文件夹

2. 查看图层和图层文件夹

在制作多图层动画时，根据需要可以选择查看图层和图层文件夹的方式，包括显示和隐藏图层或文件夹、锁定与解锁图层或文件夹、以轮廓方式查看图层上的内容。下面介绍具体的操作方法。

- **显示或隐藏图层或文件夹**：单击"时间轴"面板中某图层或文件夹👁图标对应的■图标，可以隐藏该图层或文件夹，此时■图标变为✖图标，再次单击✖图标将显示图层或文件夹，如图5-19所示。

图5-19　显示或隐藏图层或文件夹

- **锁定与解锁图层或文件夹**：在绘制复杂图形或舞台中的对象过多时，为了编辑方便，可以锁定图层或文件夹。单击"时间轴"面板中某图层或文件夹🔒图标对应的■图标，可以锁定该图层或文件夹，此时■图标变为🔒图标，再次单击🔒图标将解锁图层或文件夹，如图5-20所示。

图5-20 锁定与解锁图层或文件夹

● **以轮廓方式查看图层上的内容**：用彩色轮廓可以区分对象所属的图层，这在图层较多时较实用。要将图层上的所有对象显示为轮廓，可单击该图层列对应的■图标，再次单击■图标则关闭该功能，如图5-21所示。

图5-21 以轮廓方式查看图层上的内容

（三）动画播放控制

在编辑动画时，为了查看播放时的效果以及时发现制作中的问题，可以通过"时间轴"面板快速控制动画播放。下面讲解动画播放控制的方法。

● **播放**：选择【控制】/【播放】菜单命令，或单击"时间轴"面板中的"播放"按钮▶，可从播放头所在的帧开始播放。在播放过程中单击"暂停"按钮Ⅱ，可暂停播放。按【Enter】键也可播放或暂停播放动画。

● **转到第一帧**：选择【控制】/【后退】菜单命令，或单击"时间轴"面板中的"转到第一帧"按钮Ⅰ◀，播放头将回到动画第一帧。

● **转到结尾**：选择【控制】/【转到结尾】菜单命令，或单击"时间轴"面板中的"转到最后一帧"按钮▶Ⅰ，播放头将回到动画最后一帧。

● **前进一帧**：选择【控制】/【前进一帧】菜单命令，或单击"时间轴"面板中的"前进一帧"按钮Ⅰ▶，播放头将转到当前帧的前一帧。

● **后退一帧**：选择【控制】/【后退一帧】菜单命令，或单击"时间轴"面板中的

"后退一帧"按钮◀▮，播放头将转到当前帧的后一帧。

三、任务实施

（一）插入关键帧

绘制飘散字效果需要通过添加关键帧来实现，具体操作如下。

（1）新建一个尺寸为800像素×600像素的空白动画文档，然后在舞台中间导入"背景.png"图像，如图5-22所示。

（2）在"时间轴"面板中单击🔒按钮，锁定图层。双击"图层1"图层名称，将该图层重命名为"背景"，如图5-23所示。

图5-22　导入素材　　　　　　　　图5-23　重命名图层

（3）在"时间轴"面板上选择第60帧，按【F6】键插入关键帧，如图5-24所示。

（4）单击"新建图层"按钮🗋，新建图层。选择"图层2"的第1帧，输入文本"扬帆远航"，如图5-25所示。

图5-24　插入关键帧　　　　　　　图5-25　新建图层并输入文本

（5）选择"图层2"的第2~60帧，单击鼠标右键，在弹出的快捷菜单中选择"删除帧"命令。选择"图层2"的第1帧，按【Ctrl+B】组合键分离文字，如图5-26所示。

（6）在文字上单击鼠标右键，在弹出的快捷菜单中选择"分散到图层"命令，将每一个文字都分散到一个单独的图层中，如图5-27所示。

图5-26　删除多余帧并分离文字

图5-27　将文字分散到图层

（二）添加效果

在将文字分散到图层后，还需对各个文字添加滤镜效果，并设置帧速率，使其效果更加生动，具体操作如下。

微课视频

添加效果

（1）在"扬"图层的第15帧和第25帧处插入关键帧，选择第15帧，将其中的"扬"字向上移动一些，如图5-28所示。

（2）在"帆"图层的第20帧和第30帧处插入关键帧。选择第20帧，将其中的"帆"字向上移动，如图5-29所示。

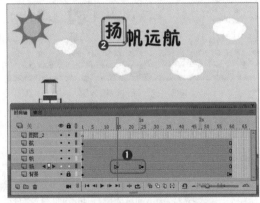

图5-28　插入关键帧并移动文字

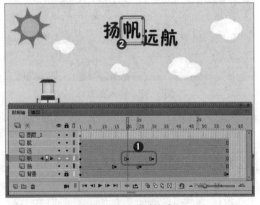

图5-29　移动文字

（3）在"远"图层的第25帧和第35帧处插入关键帧。选择第25帧，将其中的"远"字向上移动，如图5-30所示。

（4）在"航"图层的第30帧和第40帧处插入关键帧。选择第30帧，将其中的"航"字向上移动，如图5-31所示。

（5）选择"图层2"的第45帧，按【F7】键插入空白关键帧，在舞台中输入"去体验诗和远方……"文本。在第50帧处按【F6】键插入关键帧，在第60帧处按【F5】键插入帧，如图5-32所示。

（6）选择第45帧中的文本，将其转换为影片剪辑元件，向下移动一些。打开"属性"面板，为文字添加模糊滤镜效果，如图5-33所示。

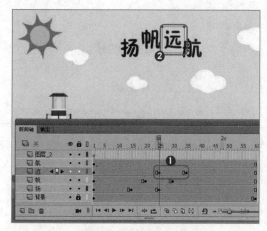

图5-30　编辑"远"图层

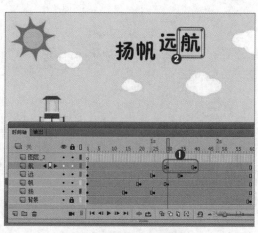

图5-31　编辑"航"图层

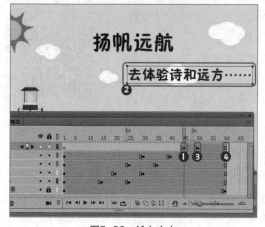

图5-32　输入文本

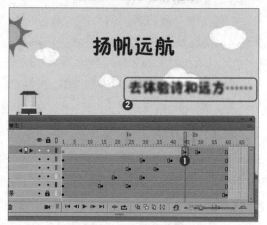

图5-33　添加滤镜效果

（7）将文件保存为"跳动文字.fla"，完成本任务的操作。

任务二　制作"风景相册"动画

米拉请老洪教她一些基础的动画制作方法。老洪告诉米拉，Animate中的基础动画有逐帧动画、补间形状动画和传统补间动画，下面将通过一个风景相册动画来讲解基础动画的制作方法。

素材所在位置　素材文件\项目五\任务二\相册.fla
效果所在位置　效果文件\项目五\任务二\相册.fla

微课视频

效果预览

一、任务目标

练习通过传统补间动画来实现风景照片的进入和退出效果，再通过补间形状动画实现各标题文本之间的变化效果。通过本任务的学习，用户可以掌握补间形状动画和传统补间动画的操作方法。本任务完成后的效果如图5-34所示。

图5-34 "风景相册"动画效果

二、相关知识

制作本任务的动画需要先将文本分离，使其变为矢量图，然后才能创建补间形状动画，最后使用形状提示。下面先介绍这些知识。

（一）Animate的基本动画类型

Animate CC 2018提供了多种创建动画和特殊效果的方法，包括逐帧动画、补间形状动画、传统补间动画和补间动画等。各种动画的特点和效果如下。

- **逐帧动画**：由多个连续关键帧组成，并在每个关键帧中绘制不同的内容，从而产生动画效果，如图5-35所示。
- **补间形状动画**：在两个关键帧之间绘制不同的形状，补间形状动画会自动添加两个关键帧之间的变化过程，如图5-36所示。

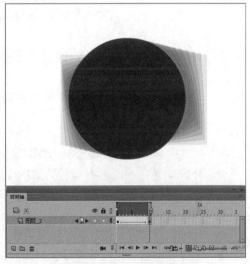

图5-35 逐帧动画　　　　　　　图5-36 补间形状动画

- **传统补间动画**：根据同一对象在两个关键帧中的位置、大小、Alpha和旋转等属性的变化，由Animate计算自动生成的一种动画类型，其结束帧中的图形与开始帧中的图形密切相关，如图5-37所示。
- **补间动画**：使用补间动画可设置对象的属性，如大小、位置和Alpha等。补间动画在"时间轴"面板中显示为连续的帧范围，默认情况下补间动画可以作为单个对象选择，如图5-38所示。

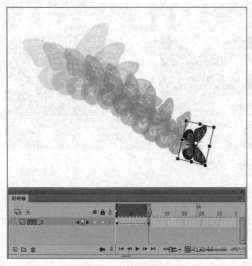

图5-37　传统补间动画

图5-38　补间动画

（二）各种动画在时间轴中的标识

Animate通过在包含内容的每个帧中显示不同的指示符来区分时间轴中的逐帧动画和补间动画，如图5-39所示。各类型动画的时间轴特征如下。

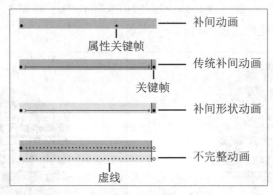

图5-39　各类型动画在"时间轴"面板中的标识

● **补间动画：**一段具有蓝色背景的帧。第1帧中的黑点表示补间范围内分配有目标对象。黑色菱形表示最后一个帧和任何其他属性关键帧。

● **传统补间动画：**带有黑色箭头和浅紫色背景，起始关键帧处为黑色圆点。

● **补间形状动画：**带有黑色箭头和淡绿色背景，起始关键帧处为黑色圆点。

● **不完整动画：**用虚线表示，是断开或不完整的动画。

（三）创建逐帧动画

创建逐帧动画的方法主要有逐帧制作、导入GIF动画文件、导入图片序列、转换为逐帧动画等，下面分别进行介绍。

● **逐帧制作：**首先插入多个关键帧，然后在每个关键帧中绘制或导入不同的内容即可。

● **导入GIF动画文件：**导入GIF动画文件时，会自动将GIF动画文件中的帧转换为时间轴中的关键帧，从而形成逐帧动画。

● **导入图片序列**：图片序列是指一组文件名有连续编号的图片文件（如pic01.png、pic02.png、pic03.png……），在导入其中的一张图片时，会打开图5-40所示的提示对话框，单击"是"按钮，即可导入该图片及其后面编号的所有图片，并按照编号顺序依次添加到各个关键帧中，从而形成逐帧动画。

● **转换为逐帧动画**：使用转换为逐帧动画功能，可以将其他动画类型转换为逐帧动画。其操作方法为：在"时间轴"面板中选择要转换为逐帧动画的帧，然后单击鼠标右键，在弹出的快捷菜单中选择"转换为逐帧动画"命令，在弹出的子菜单中选择相应的命令，即可将选择的帧转换为逐帧动画，如图5-41所示。

图5-40 提示对话框

图5-41 转换为逐帧动画

（四）创建补间形状动画

在Animate中制作补间形状动画较为简单，只需在两个关键帧中绘制不同的图形，然后在两个关键帧之间单击鼠标右键，在弹出的快捷菜单中选择"创建补间形状"命令即可，如图5-42所示。

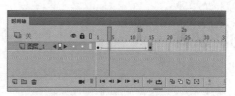

图5-42 创建补间形状动画

（五）创建传统补间动画

创建传统补间动画的方法为：在动画的开始关键帧和结束关键帧中放入同一个元件对象，在两个关键帧之间单击鼠标右键，在弹出的快捷菜单中选择"创建传统补间"命令，然后调整两个关键帧中对象的位置、大小、旋转方向等属性即可，如图5-43所示。

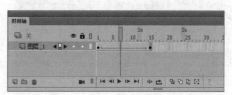

图5-43 创建传统补间动画

需要注意的是，只能对元件对象添加传统补间动画，如果开始关键帧和结束关键帧中的对象不是元件，则会打开图5-44所示的提示对话框，单击"确定"按钮，会将两个关键帧中的内容转换为图形元件，然后创建传统补间动画。

图5-44　提示转换为元件

（六）创建补间动画

创建补间动画的方法为：在动画的开始关键帧中放入一个文本或影片剪辑元件，在帧上单击鼠标右键，在弹出的快捷菜单中选择"创建补间动画"命令，创建补间动画，然后在动画中插入多个关键帧，并调整关键帧中对象的位置、大小、旋转方向等属性，如图5-45所示。

图5-45　创建补间动画

三、任务实施

（一）制作传统补间动画

用相册中的3张风景照片制作传统补间动画，具体操作如下。

（1）启动Animate CC 2018，打开"相册.fla"文件。新建一个图层，并将其命名为"九寨沟"，从"库"面板中将"九寨沟"影片剪辑元件拖曳到舞台中，然后在第20帧和第30帧处插入关键帧，如图5-46所示。

（2）在第20帧上单击鼠标右键，在弹出的快捷菜单中选择"创建传统补间"命令，然后将第30帧中的图片移动到舞台左侧，制作图片移出舞台的动画效果，如图5-47所示。

图5-46　添加图片并插入关键帧　　　　图5-47　制作图片移出舞台的动画效果

（3）新建一个图层，并将其命名为"青城山"，在第20帧处插入关键帧，从"库"面板中将"青城山"影片剪辑元件拖曳到舞台中，在第30帧、第50帧和第60帧处插入关键帧，如图5-48所示。

（4）在第20帧和第30帧之间插入传统补间动画，将第20帧中的图片移动到舞台右侧，制作图片进入舞台的动画，如图5-49所示。

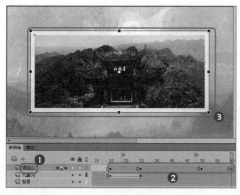

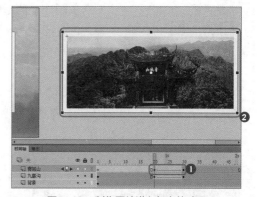

图5-48　添加图片并插入关键帧　　　　　　　　图5-49　制作图片进入舞台的动画

（5）在第50帧和第60帧之间插入传统补间动画，将第60帧中的图片移动到舞台左侧，制作图片移出舞台的动画，如图5-50所示。

（6）使用相同的方法创建"峨眉山"图层，导入图片并在第50帧和第90帧之间插入相应的关键帧，然后在第50帧和第60帧之间制作图片进入舞台的动画，如图5-51所示。

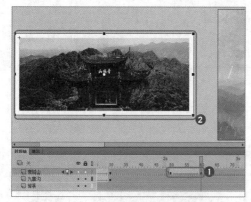

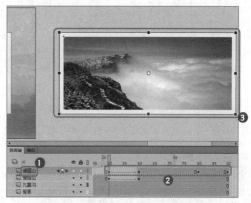

图5-50　制作图片移出舞台的动画　　　　　　　图5-51　制作图片进入舞台的动画

（7）在"峨眉山"图层的第80帧和第90帧之间制作图片移出舞台的动画，如图5-52所示。

（8）在"九寨沟"图层的第80帧和第90帧之间制作图片进入舞台的动画，如图5-53所示。

图5-52　制作图片移出舞台的动画　　　　　　　图5-53　制作图片进入舞台的动画

（二）制作补间形状动画

输入每张照片的名称，并添加补间形状动画，具体操作如下。

（1）新建一个图层并将其命名为"文本"，在其中输入"九寨沟"文本，设置"字体、大小和颜色"分别为"方正隶变简体、40磅、#003300"，如图5-54所示。

（2）在第20帧和第30帧处插入关键帧，修改第30帧中的文本为"青城山"，如图5-55所示。

图5-54　输入文本　　　　　　　　　　　图5-55　添加关键帧并修改文本1

（3）在第50帧和第60帧处插入关键帧，修改第60帧中的文本为"峨眉山"，如图5-56所示。

（4）在第80帧和第90帧处插入关键帧，修改第90帧中的文本为"九寨沟"，如图5-57所示。

图5-56　添加关键帧并修改文本2　　　　　图5-57　添加关键帧并修改文本3

（5）分离所有关键帧中的文本，使其成为普通的绘制对象，然后在第20帧和第30帧之间单击鼠标右键，在弹出的快捷菜单中选择"创建补间形状"命令，创建补间形状动画，如图5-58所示。

（6）使用相同的方法，在第50帧和第60帧之间创建补间形状动画，在第80帧和第90帧之间创建补间形状动画，如图5-59所示。

图5-58 创建补间形状动画

图5-59 创建补间形状动画

任务三 制作"促销广告"动画

公司要求为产品制作一个商品广告动画,米拉想让动画的效果不再是简单的匀速变化过程,而是具有更加灵活多变的效果,于是,她问老洪有没有办法可以实现。老洪告诉她,可以使用缓动来调整动画变化过程的速率,对动画的多个属性采用不同的缓动效果,从而生成更加丰富的动画效果。

素材所在位置 素材文件\项目五\任务三\促销广告.fla
效果所在位置 效果文件\项目五\任务三\促销广告.fla

一、任务目标

练习制作商品广告动画。在制作过程中,首先导入素材插入关键帧,然后创建补间动画,并设置动画的缓动效果。通过本任务的学习,用户可以掌握补间动画及设置缓动的操作方法。本任务完成后的效果如图5-60所示。

微课视频

效果预览

图5-60 促销广告动画效果

二、相关知识

本任务在制作时需要对动画进行各种编辑操作，以实现丰富的动画效果，包括编辑补间形状动画、编辑传统补间动画和编辑补间动画。下面先介绍这些知识。

（一）设置补间形状动画属性

编辑补间形状动画主要包括添加缓动和添加提示点两个方面的操作。

1．添加缓动

在补间动画形状的"属性"面板中可以为补间形状动画添加缓动效果，如图5-61所示，其中各选项的功能如下。

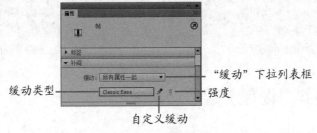

图5-61　补间形状动画的"属性"面板

- **"缓动"下拉列表框**：设置补间形状动画只能选择"所有属性一起"选项，将对动画的所有属性统一设置缓动。
- **缓动类型**：单击该按钮，将打开图5-62所示的面板，在其中可以选择不同类型的缓动效果，还可以查看该缓动的曲线图。
- **自定义缓动**：单击该按钮，将打开图5-63所示的"自定义缓动"对话框，在其中可以手动设置缓动效果。

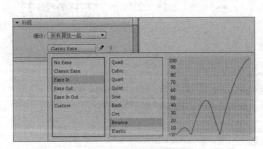

图5-62　缓动类型选项

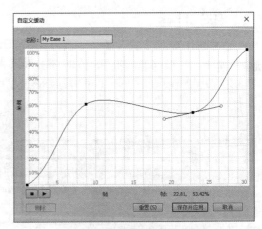

图5-63　"自定义缓动"对话框

- **强度**：当缓动类型为"Classic Ease"时，将显示该数值框。当强度值大于0时，表示动画开始时速度快，结束时速度慢；当强度值小于0时，表示动画开始时速度慢，结束时速度快。

知识
提示

认识缓动曲线

缓动曲线图左侧的数值表示动画的完成程度，范围为0%~100%，当没有缓动效果时，缓动曲线图是一条从左下角到右上角的直线，如图5-64所示。

缓动曲线越接近垂直，动画的速度越快；缓动曲线越接近水平，动画的速度越慢。例如，当Classic Ease缓动的强度大于0时，其缓动曲线如图5-65所示，开始部分的曲线更接近垂直，动画的速度快，结束部分的曲线更接近水平，动画的速度慢。

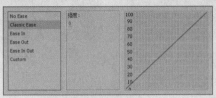
图5-64　无缓动效果

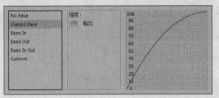
图5-65　Classic Ease缓动的强度大于0时

2. 添加提示点

为补间形状动画添加提示点，可以手动控制形状的变化，具体操作如下。

微课视频

添加提示点

（1）选择补间形状动画的开始帧，选择【修改】/【形状】/【添加形状提示】菜单命令添加一个提示点，将提示点移动到一个图形的边缘上，如图5-66所示。

（2）选择补间形状动画的结束帧，将提示点移动到要变化的图形的边缘上，如图5-67所示，这样"Flash"中的"F"会变为"Animate"中的"e"。

Flash　　　　　**Animate**

图5-66　调整开始帧提示点位置　　　图5-67　调整结束帧提示点位置

（3）使用相同的方法继续添加多个提示点，如图5-68所示。设置完成后，"F"将变为"e"，"l"将变为"t"，"a"的形状不变直接平移，"s"将变为"i"中的一竖，"h"将变为"A"，"n"和"m"及"i"中的一点将在结束帧中直接出现。

Flash　　　　　**Animate**

图5-68　继续添加提示点

（二）设置传统补间动画属性

传统补间动画的"属性"面板如图5-69所示，在"缓动"下拉列表框中还可以选择"单独每属性"选项，选择后的"属性"面板如图5-70所示，可以单独为这些属性设置缓动效果。在"旋转"下拉列表框中可以设置元件的旋转方向，在其后的数值框中可以设置旋转的圈数，如图5-71所示。

图5-69 "属性"面板　　　　图5-70 单独设置每个属性的缓动　　　　图5-71 设置旋转属性

（三）设置补间动画属性

编辑补间动画主要包括设置补间动画属性和调整补间两个方面的操作。

1. 在"属性"面板中设置

补间动画的"属性"面板如图5-72所示，其中各选项的功能如下。

- **"缓动"数值框**：用于设置缓动的强度。
- **"旋转"数值框**：用于设置元件旋转的圈数。
- **"+"数值框**：用于设置元件在选择圈数的基础上增加的旋转度数。
- **"方向"下拉列表框**：用于设置元件旋转的方向。
- **"调整到路径"复选框**：选中该复选框，补间动画将根据移动路径的方向，自动调整元件的方向。
- **"路径"栏**：用于设置移动路径的坐标位置、宽度和高度属性。

图5-72 "属性"面板

2. 在"调整补间"面板中设置

创建好补间动画后，在补间动画上单击鼠标右键，在弹出的快捷菜单中选择"调整补间"命令，或直接双击补间动画，展开该补间动画的调整面板，在其中可以为补间动画的每个属性单独添加缓动效果，如图5-73所示。

在左侧选择要添加缓动的属性，单击"添加缓动"按钮，在打开的面板中选择一种缓动效果即可，如图5-74所示。

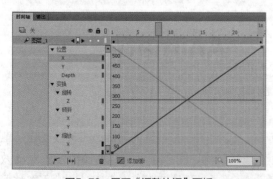

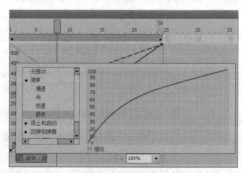

图5-73 展开"调整补间"面板　　　　图5-74 添加缓动

三、任务实施

（一）创建传统补间动画和补间动画

从"库"面板中将各种素材添加到舞台中，并根据需要创建传统补间动画和补间动画，具体操作如下。

微课视频

创建传统补间动画和
补间动画

（1）启动Animate CC 2018，打开"促销广告.fla"文件，新建一个图层，并将其重命名为"兔子公仔"，如图5-75所示。

（2）在第20帧处插入关键帧，将"兔子公仔"元件拖动到舞台中，然后将其缩小，如图5-76所示。

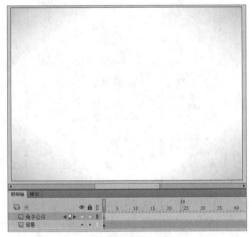

图5-75　打开文件

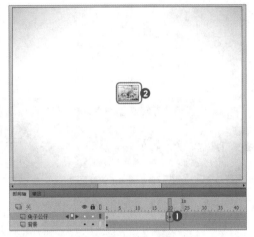

图5-76　导入素材

（3）在"兔子公仔"图层的第50帧处插入关键帧，将兔子公仔图像的大小设置为与舞台相同的550像素×400像素，并与舞台对齐，然后在第20帧和第50帧之间添加传统补间动画，如图5-77所示。最后在第86帧处添加空白关键帧。

（4）新建"花1"图层，将"花1"元件添加到舞台中，然后继续新建"花2"图层，将"花2"元件添加到舞台中，移动位置并调整大小，如图5-78所示。

图5-77　添加传统补间动画

图5-78　添加花朵装饰

（5）在图层3和图层4的第20帧和第50帧处添加关键帧，在第51帧处添加空白关键帧，然后在这两个图层的第20帧和第50帧之间添加传统补间动画，如图5-79所示。

（6）选择第50帧，分别将图层3和图层4中的实例向上或向下拖动到舞台的外侧，使图层3和图层4的补间动画效果为上下分离的效果，如图5-80所示。

图5-79　创建传统补间动画

图5-80　移动位置

（7）新建"运动鞋"图层，在第70帧处添加关键帧，然后将"运动鞋"元件拖动到舞台中，适当调整大小后，使该图像的上边缘和舞台上边缘对齐。在第121帧处插入空白关键帧，在第70帧上单击鼠标右键，在弹出的快捷菜单中选择"创建补间动画"命令，创建补间动画，如图5-81所示。

（8）选择第70帧，单击舞台中的"运动鞋"实例，在"属性"面板的"色彩效果"栏的"样式"下拉列表框中选择"Alpha"选项，并将值设置为"30"，使该实例呈现半透明效果，如图5-82所示。

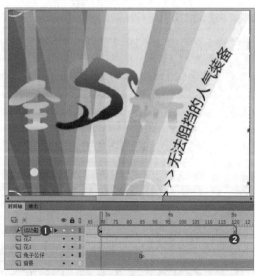

图5-81　新建图层并创建补间动画

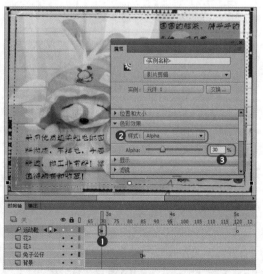

图5-82　设置实例的"Alpha"值

（9）在第85帧处插入关键帧，将运动鞋实例向上拖动，并在"属性"面板中将"Alpha"值
　　　设置为"100"，如图5-83所示。

（10）在第105帧和第120帧处添加关键帧，然后选择第120帧中的实例，将其向右上方拖动，
　　　如图5-84所示。

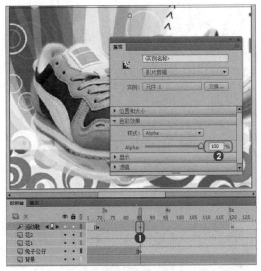

图5-83　添加补间动画

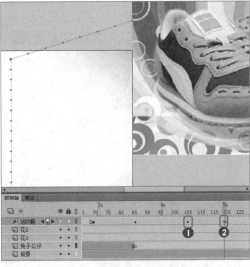

图5-84　移动实例

（11）新建"衣服"图层，在第105帧处插入关键帧，从"库"面板中将"衣服"元件拖动到
　　　舞台中，适当调整大小，使该图像的上边缘和舞台上边缘对齐。在第161帧处插入空白
　　　关键帧，然后创建补间动画，如图5-85所示。

（12）在第120帧和第140帧处插入关键帧，选择第105帧，将衣服图像向左下方拖出舞台，如
　　　图5-86所示。

图5-85　新建图层并创建补间动画

图5-86　移动图像位置

（13）在第160帧处插入关键帧，选择舞台中的图像，然后在"属性"面板中设置其"Alpha"值为"0"，如图5-87所示。

（14）新建"花车"图层，从"库"面板中将"花车"元件拖动到舞台左下角外侧，然后创建补间动画，如图5-88所示。

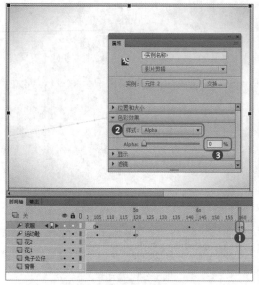

图5-87　设置"Alpha"值　　　　　图5-88　新建图层并创建补间动画

（15）在第190帧处插入关键帧，将花车图像拖动到舞台右外侧，如图5-89所示。

（16）新建"文本"图层，在舞台上方输入"快来把它带回家吧！"文本，设置"字体、大小和颜色"分别为"汉仪白棋体简、49磅、#000000"，将文字逆时针旋转一定的角度，然后将文本转换为影片剪辑元件，最后添加发光滤镜，如图5-90所示。

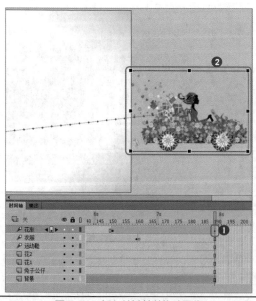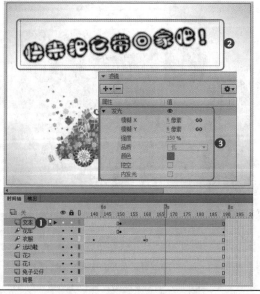

图5-89　插入关键帧并拖动图像　　　　　图5-90　输入文本并设置滤镜

（二）为动画添加缓动效果

为文件中的部分动画添加缓动效果，使其效果更加丰富，具体操作如下。

微课视频

为动画添加缓动效果

（1）选择"兔子公仔"图层中的传统补间动画，在"属性"面板中单击"自定义缓动"按钮，打开"自定义缓动"对话框，在其中调整缓动曲线，然后单击"保存并应用"按钮，如图5-91所示。

（2）为"花1"图层和"花2"图层中的传统补间动画添加缓动类型为"Classic Ease"、强度为"-100"的缓动效果，如图5-92所示。

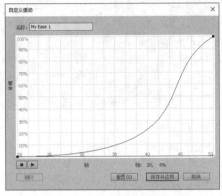

图5-91 "自定义缓动"对话框

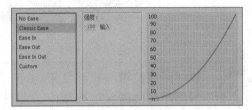

图5-92 添加缓动效果

（3）双击"花车"图层中的补间动画，展开"调整补间动画"面板，在左侧选择"位置"下的"X"选项，单击"添加缓动"按钮，在打开的面板中选择"停止和启动"下的"最快"选项，设置缓动值为"100"，如图5-93所示。

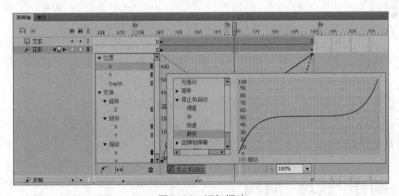

图5-93 添加缓动

（4）按【Ctrl+S】组合键保存动画，完成本任务的操作。

实训一 制作"汽车行驶"动画

【实训要求】

制作汽车行驶动画，即用户在预览动画时，可以看到汽车在地图上沿公路行驶的过程。本实训的参考效果如图5-94所示。

图5-94 汽车行驶动画

素材所在位置 素材文件\项目五\实训一\汽车行驶.fla
效果所在位置 效果文件\项目五\实训一\汽车行驶.fla

【步骤提示】

（1）打开素材文件，新建一个图层，从"库"面板中将"汽车"图形元件拖动到舞台右上角。

（2）在第35帧处插入关键帧，将"汽车"元件向左下方移动到丁字路口处，然后在第1帧和第35帧之间插入传统补间动画。

（3）在第36帧处插入关键帧，然后将"汽车"元件水平翻转。

（4）在第50帧处插入关键帧，将"汽车"元件向右下方移动，然后在第36帧和第50帧之间插入传统补间动画。

（5）在第51帧处插入关键帧，然后将"汽车"元件水平翻转。

（6）在第60帧处插入关键帧，将"汽车"元件移动到停车位中，然后在第51帧和第60帧之间插入传统补间动画。

实训二 制作"篮球"动画

【实训要求】

创建一个"篮球"动画，该动画的特点是模拟打篮球过程中的运动轨迹，主要练习补间动画的创建、应用缓动编辑补间动画属性的操作。最终效果如图5-95所示。

素材所在位置 素材文件\项目五\实训二\篮球.fla
效果所在位置 效果文件\项目五\实训二\篮球.fla

图5-95　篮球动画

微课视频

效果预览

微课视频

篮球动画

【步骤提示】

（1）打开素材文件，新建一个图层，从"库"面板中将"篮球"图形元件拖动到舞台左外侧，并添加补间动画。

（2）在第24帧处插入关键帧，将"篮球"元件移动到第2个人物剪影的脚的下方。

（3）在第45帧处插入关键帧，将"篮球"元件移动到第3个人物剪影的手中。

（4）在"属性"面板中设置旋转属性为顺时针旋转5圈。

（5）展开"调整补间"面板，为"位置"下的"X"和"Y"选项都添加"简单"选项下的"最快"缓动效果。

（6）新建一个图层，输入文本即可。

课后练习

（1）打开提供的"回忆.fla"素材，新建图层2，制作一个补间形状动画，使女孩从被遮挡的状态逐渐显示出来，完成后的最终效果如图5-96所示。

微课视频

效果预览

图5-96　制作广告单

素材所在位置　素材文件\项目五\课后练习\回忆.fla
效果所在位置　效果文件\项目五\课后练习\回忆.fla

（2）打开提供的"新品上市.fla"素材，利用库中的3个图形元件，制作3张时装模特图片以淡入淡出的方式进行切换的效果，完成后的最终效果如图5-97所示。

图5-97　新品上市

素材所在位置	素材文件\项目五\课后练习\新品上市.fla
效果所在位置	效果文件\项目五\课后练习\新品上市.fla

技巧提升

问：如何删除补间动画？

答：在补间动画的起始帧上单击鼠标右键，在弹出的快捷菜单中选择"删除补间"命令，即可删除已有的补间动画。

问：怎样快速为多个对象制作相同的动画效果？

答：可以通过复制和粘贴动画来制作。首先为一个对象制作好补间动画，在补间动画上单击鼠标右键，在弹出的快捷菜单中选择"复制动画"命令，然后在其他对象的帧上单击鼠标右键，在弹出的快捷菜单中选择"粘贴动画"命令即可。

另外也可以在补间动画上单击鼠标右键，在弹出的快捷菜单中选择"另存为动画预设"命令，在打开的"将预设另存为"对话框中将当前的动画效果保存到预设动画中，如图5-98所示。选择【窗口】/【动画预设】菜单命令，打开"动画预设"面板，在"自定义预设"栏中选择保存的动画效果，再单击"应用"按钮即可，如图5-99所示。

图5-98　"将预设另存为"对话框

图5-99　"动画预设"面板

项目六
制作高级动画

情景导入

　　米拉在掌握了基本动画的制作方法后，老洪开始教米拉高级动画的制作方法。

学习目标

- 掌握引导动画的制作方法。
  包括引导动画原理、创建引导动画、引导动画的"属性"面板、制作引导动画的注意事项等。
- 掌握遮罩动画的制作方法。
  包括遮罩动画原理、创建遮罩层、创建遮罩动画的注意事项等。

- 掌握骨骼动画的制作方法。
  包括认识骨骼动画、添加骨骼、编辑骨骼、创建骨骼动画、设置骨骼动画属性等。

思政元素

　　文化自信　创意思维

案例展示

▲ "纸飞机"动画效果

▲ "高山流水"动画效果

任务一　制作"纸飞机"动画

老洪要教米拉制作一个"纸飞机"动画，该动画主要通过引导动画来实现，使纸飞机沿着一条曲线飞行，而不是进行传统补间动画的直线运动。

一、任务目标

在素材文件中新建一个引导层和一个"纸飞机"图层，在引导层中绘制一条曲线，然后让"纸飞机"图层中的纸飞机图像沿着该曲线运动。本任务制作完成后的最终效果如图6-1所示。

素材所在位置　素材文件\项目六\任务一\纸飞机.fla
效果所在位置　效果文件\项目六\任务一\纸飞机.fla

图6-1　纸飞机动画效果

二、相关知识

制作本任务涉及引导动画原理、创建引导动画、引导动画的"属性"面板、制作引导动画的注意事项等相关知识。

（一）引导动画原理

引导动画即动画对象沿着引导层中绘制的线条运动的动画。绘制的线条通常是不封闭的，以便于Animate系统找到线条的头和尾（动画开始位置及结束位置）从而进行运动。被引导层通常采用传统补间动画来实现运动效果，被引导层中的动画与普通传统补间动画一样，可设置除位置变化外的其他属性，如Alpha、大小等属性。

微课视频

效果预览

（二）创建引导动画

一个引导动画至少需要一个引导层和一个被引导层。创建引导层和被引导层的方法有以下两种。

1. 将当前图层转换为引导层

选中要转换为引导层的图层，在其上单击鼠标右键，在弹出的快捷菜单中选择"引导层"命令，即可将该图层转换为引导层，此时引导层下还没有被引导层，在图层区域以<img>图标表示，如图6-2所示。将其他图层拖动到引导层下，即可添加被引导层，此时，引导层的图标变为<img>，如图6-3所示。

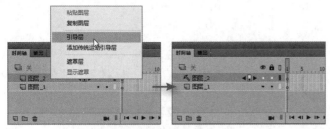

图6-2 将当前图层转换为引导层　　　　　图6-3 添加被引导层

2. 为当前图层添加引导层

选中要添加引导层的图层，单击鼠标右键，在弹出的快捷菜单中选择"添加传统运动引导层"命令，即可为该图层添加引导层，同时该图层变为被引导层，如图6-4所示。

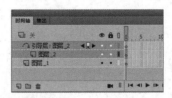

图6-4 为当前图层添加引导层

> **知识提示**
>
> **被引导层的层数**
>
> 被引导层可以有多层，即允许多个对象沿着同一条引导线运动，一个引导层也允许有多条引导线，但一个引导层中的对象只能在一条引导线上运动。

（三）引导动画的"属性"面板

在引导动画的"属性"面板中可以精确调整动画，使被引导层中的对象和引导层中的路径保持一致。引导动画的"属性"面板如图6-5所示。"属性"面板中主要参数的含义如下。

- **"贴紧"复选框**：选中该复选框，元件的中心点将与运动路径对齐。

- **"调整到路径"复选框**：选中该复选框，对象会随着路径的方向旋转。

- **"沿路径着色"复选框**：选中该复选框，对象会根据路径的颜色变换颜色。

- **"沿路径缩放"复选框**：选中该复选框，对象会根据路径的粗细缩放。

- **"同步"复选框**：选中该复选框，对象的动画将和主时间轴一致。

图6-5 引导动画的"属性"面板

- **"缩放"复选框**：在制作缩放动画时，选中该复选框，对象将随着帧的变化缩小或放大。

（四）制作引导动画的注意事项

在制作引导动画的过程中需要注意以下事项。

● 引导线的转折不宜过多，且转折处的线条弯度不宜过急，以免Animate无法准确判断对象的运动路径。

● 引导线应为一条流畅且从头到尾连续贯穿的线条，线条不能出现中断的现象。

● 引导线中不能出现交叉、重叠，否则会导致动画创建失败。

● 被引导对象必须吸附到引导线上，否则被引导对象将无法沿着引导路径运动。

● 引导线必须是未封闭的线条。

三、任务实施

（一）创建引导动画

制作纸飞机动画前，先添加引导层和被引导层，然后将纸飞机对象吸附到引导线上，最后创建传统补间动画，具体操作如下。

微课视频

创建引导动画

（1）打开提供的素材文件，新建一个图层并将其重命名为"纸飞机"，然后从"库"面板中将"纸飞机"影片剪辑元件拖动到舞台中，并调整大小，如图6-6所示。

（2）在"纸飞机"图层名称上单击鼠标右键，在弹出的快捷菜单中选择"添加传统运动引导层"命令，为"纸飞机"图层创建引导层，然后使用铅笔工具 在引导层中绘制一条曲线，如图 6-7 所示。

图6-6　新建图层

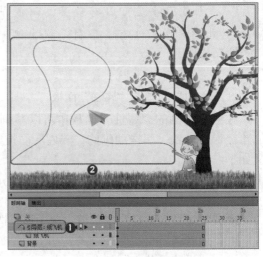

图6-7　添加引导层

（3）选择"纸飞机"图层的第1帧，将纸飞机对象移动到引导线的开始处，并使纸飞机的中心点吸附在引导线上，旋转纸飞机，使其与引导线开始处的方向一致，如图6-8所示。

（4）在"纸飞机"图层的第25帧处插入关键帧，将纸飞机对象吸附到引导线的结束处，旋转纸飞机，使其与引导线结束处的方向一致，然后在第1帧和第25帧之间创建传统补间动画，如图6-9所示。

图6-8　编辑关键帧

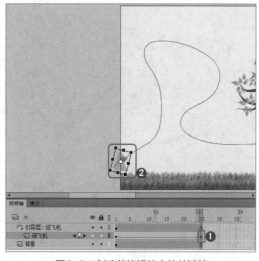

图6-9　创建并编辑结束处关键帧

（二）设置引导动画的属性

先调整引导线的粗细和颜色，然后设置引导动画的属性，使纸飞机在移动的过程中，自动改变大小、颜色和方向，具体操作如下。

微课视频
设置引导动画属性

（1）使用选择工具 选择一段引导线，在"属性"面板中设置其笔触颜色为"红色"，笔触为"10.00"，宽度为 ，如图6-10所示。

（2）使用选择工具 再选择一段引导线，在"属性"面板中设置其笔触颜色为"蓝色"，笔触为"5.00"，宽度为 ，如图6-11所示。

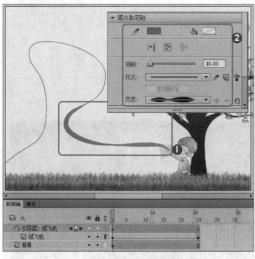

图6-10　设置第1段引导线属性

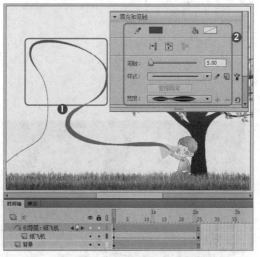

图6-11　设置第2段引导线属性

（3）使用选择工具 选择最后一段引导线，在"属性"面板中设置其笔触颜色为"绿色"，笔触为"1.00"，宽度为 ，如图6-12所示。

（4）选择"纸飞机"图层的第1帧，然后在"属性"面板中选中"贴紧"复选框、"调整到路径"复选框、"沿路径着色"复选框和"沿路径缩放"复选框，如图6-13所示。

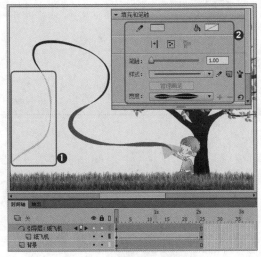

图6-12 设置第3段引导线属性   图6-13 设置补间动画属性

（5）按【Ctrl+S】组合键保存文件，完成本任务的操作。

任务二 制作"高山流水"动画

在学会引导动画后，老洪继续教米拉遮罩动画的制作方法，并通过一个高山流水动画来讲解。

素材所在位置 素材文件\项目六\任务二\高山流水.png
效果所在位置 效果文件\项目六\任务二\高山流水.fla

微课视频

效果预览

一、任务目标

制作一个高山流水动画，使动画中的图片产生像水一样的流动效果，主要涉及遮罩动画及补间动画的操作。通过本任务的学习，用户可以掌握遮罩动画的操作方法。本任务完成后的效果如图6-14所示。

图6-14 高山流水动画

二、相关知识

在制作本任务的过程中用到了遮罩动画技术，下面介绍其相关知识。

（一）遮罩动画原理

遮罩动画是比较特殊的动画类型，它主要包括遮罩层及被遮罩层，其中遮罩层用于控制显示的范围及形状。例如，遮罩层中是一个月亮图形，用户只能看到这个月亮中的动画效果。被遮罩层则主要实现动画内容，如移动的风景等。图6-15所示为创建一个静态的遮罩动画效果的前后对比图。

由于遮罩层的作用是控制形状，所以在该层中主要是绘制具有一定形状的矢量图，而形状的描边或填充颜色则无关紧要。

图6-15　遮罩动画效果前后对比图

（二）创建遮罩层

在Animate中创建遮罩层的方法主要有用菜单命令创建和通过改变图层属性创建两种。

● **用菜单命令创建**：用菜单命令创建遮罩层是创建遮罩层最简单的方式，在需要作为遮罩层的图层上单击鼠标右键，在弹出的快捷菜单中选择"遮罩层"命令，即可将当前图层转换为遮罩层。转换后，若紧贴其下有一个图层，则其下的图层被自动转换为被遮罩层，如图6-16所示。

● **通过改变图层属性创建**：在图层区域双击要转换为遮罩层的图层图标，在打开的"图层属性"对话框的"类型"栏中单击选中"遮罩层"单选项，然后单击"确定"按钮即可，如图6-17所示。创建遮罩层后，还需要拖动其他图层到遮罩层的下方，将其转换为被遮罩层。

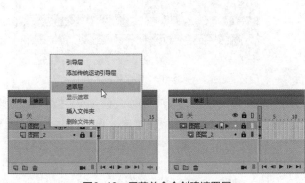

图6-16　用菜单命令创建遮罩层

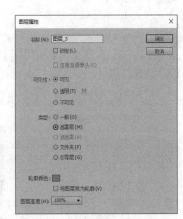

图6-17　"图层属性"对话框

（三）创建遮罩动画的注意事项

虽然可以在遮罩层中绘制任意图形并将其用于创建遮罩动画，但为了使创建的遮罩动画更具美感，在创建遮罩动画时应注意以下事项。

- **遮罩的对象：** 遮罩层中的对象可以是按钮、影片剪辑、图形和文字等，但不能使用笔触，被遮罩层中则可以是除了动态文本之外的任意对象。在遮罩层和被遮罩层中可使用补间形状动画、补间动作动画、引导动画等多种动画形式。
- **编辑遮罩：** 在制作遮罩动画的过程中，遮罩层可能会挡住下面图层中的元件，要编辑遮罩层中的对象，可以单击"时间轴"面板中的"显示图层轮廓"按钮▣，使遮罩层中的对象只显示边框形状，以便调整遮罩层中对象的形状、大小和位置。
- **遮罩不能重复：** 不能用一个遮罩层来遮罩另一个遮罩层。

三、任务实施

（一）创建补间动画

下面先创建补间动画，具体操作如下。

（1）启动Animate CC 2018，新建一个HTML5 Canvas动画文件，选择【插入】/【新建元件】菜单命令，打开"创建新元件"对话框，将"名称"设置为"高山流水"，"类型"设置为"影片剪辑"，单击"确定"按钮，新建一个元件，如图6-18所示。

（2）选择【文件】/【导入】/【导入到舞台】菜单命令，将"高山流水.png"图像导入舞台。

（3）单击"返回"按钮◀，返回场景中，将新建的元件拖曳到场景中，创建实例，然后将场景的舞台大小修改为与实例的大小相同，这里将舞台大小修改为640像素×400像素，如图6-19所示。

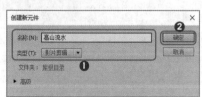

图6-18　新建元件　　　　　　　　　　　图6-19　修改舞台大小

（4）选择实例，在"属性"面板中将该实例的大小修改为1 280像素×400像素，使该实例变为拉抻状态，然后按【Ctrl+K】组合键，在打开的"对齐"面板中单击选中"与舞台对齐"复选框，再单击"左对齐"按钮▣，将实例的左侧与舞台对齐，如图6-20所示。

（5）选择图层1的第40帧，按【F6】键添加关键帧，在第1帧和第40帧之间添加传统补间动画，选择第40帧中的实例，按【Ctrl+K】组合键，在打开的"对齐"面板中单击选中"与舞台对齐"复选框，再单击"右对齐"按钮，如图6-21所示。

图6-20 拉抻并对齐

图6-21 创建并编辑关键帧

（二）创建遮罩动画

下面创建遮罩动画，具体操作如下。

（1）新建"图层_2"图层，选择"图层_2"图层的第1帧，然后选择矩形工具，在场景中绘制一个完全覆盖舞台的矩形。在"图层_2"图层上单击鼠标右键，在弹出的快捷菜单中选择"遮罩层"命令，将"图层_2"变为遮罩层，此时"图层_1"将自动变为被遮罩层，如图6-22所示。

微课视频

创建遮罩动画

（2）新建"图层_3"图层，将"高山流水"元件拖曳到"图层_3"图层的第1帧，创建一个实例，并将该实例与舞台对齐，然后在"图层_3"图层上单击鼠标右键，在弹出的快捷菜单中选择"复制图层"命令，复制"图层_3"，如图6-23所示。

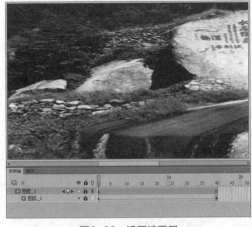

图6-22 设置遮罩层

图6-23 新建并复制图层

（3）隐藏"图层_1""图层_2"和"图层_3"，选择"图层_3 复制"图层的第40帧，按【F6】键添加关键帧。选择"图层_3 复制"图层第1帧中的实例，并将该实例的左侧边缘与舞台的左侧边缘对齐，最后为"图层_3 复制"图层添加传统补间动画，如图6-24所示。

（4）将被隐藏的"图层_1""图层_2"和"图层_3"都显示出来，然后在"图层_3 复制"图层上单击鼠标右键，在弹出的快捷菜单中选择"遮罩层"命令，将复制图层转换为遮罩层，如图6-25所示。此时就完成了从左至右的流水效果。

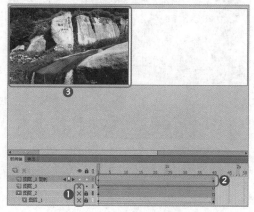

图6-24　添加传统补间动画

图6-25　转换为遮罩层

（5）在"时间轴"面板的任意帧上单击鼠标右键，在弹出的快捷菜单中选择"选择所有帧"命令，在选择的所有帧上单击鼠标右键，在弹出的快捷菜单中选择"复制帧"命令，如图6-26所示。

（6）新建一个图层并将其移动到最上层，然后选择该新建图层的第41帧，单击鼠标右键，在弹出的快捷菜单中选择"粘贴帧"命令，将复制的帧粘贴，如图6-27所示。

图6-26　复制帧

图6-27　新建图层粘贴帧

（7）隐藏除"图层_4"以外的所有图层，解锁"图层_4"，然后选择该图层第41帧中的实例，按【Ctrl+K】组合键，在打开的"对齐"面板中单击选中"与舞台对齐"复选框，再单击"左对齐"按钮，使实例与舞台对齐，如图6-28所示。

（8）选择第80帧中的实例，然后将其右侧与舞台的右侧对齐，如图6-29所示。将动画保存为"高山流水.fla"，完成本任务的制作。

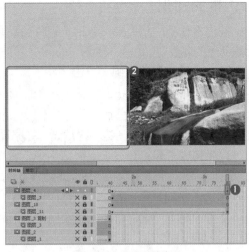

图6-28 对齐实例　　　　　　　　　　　　图6-29 移动实例位置

任务三　制作"人物行走"动画

　　接下来，老洪将通过一个孙悟空行走的动画来教米拉制作骨骼动画，通过Animate的骨骼工具可以将卡通人物身体的各个部分连接在一起，从而方便地制作各种人物活动的动画效果。

素材所在位置　素材文件\项目六\任务三\孙悟空.fla
效果所在位置　效果文件\项目六\任务三\孙悟空.fla

一、任务目标

　　练习制作人物行走的骨骼动画，制作时主要涉及添加骨骼、创建骨骼、设置骨骼属性、创建动画等知识。通过本任务的学习，可以掌握骨骼动画的制作方法。本任务完成后的效果如图6-30所示。

微课视频

效果预览

图6-30　人物行走动画效果

二、相关知识

制作本任务的相关知识包括认识骨骼动画、添加骨骼、编辑骨骼、创建骨骼动画、设置骨骼动画的属性等。

（一）认识骨骼动画

骨骼动画也叫反向运动，是使用骨骼关节结构对一个对象或彼此相关的一组对象进行动画处理的方法。使用骨骼后，元件实例和形状对象可以按复杂且自然的方式移动。例如，通过反向运动可以轻松地创建人物动画，如胳膊、腿的动作和面部表情。

骨骼构成骨架。在父子层次结构中，骨架中的骨骼彼此相连。骨架可以是线性的或分支的。源于同一骨骼的骨架分支称为同级；骨骼之间的连接点称为关节。

（二）添加骨骼

使用骨骼工具 🖈 可以为元件实例和图形添加骨骼。

1. 为元件实例添加骨骼

在"工具"面板中选择骨骼工具 🖈，单击要成为骨架的根部或头部的元件实例，然后拖曳鼠标到另一个元件实例中，将其连接到根实例，此时两个元件实例之间显示一条连接线，即创建好一个骨骼。继续使用骨骼工具从第一个骨骼的尾部拖曳鼠标到下一个元件上，可以再创建一个骨骼，重复该操作，将所有元件都用骨骼连接在一起，如图6-31所示。

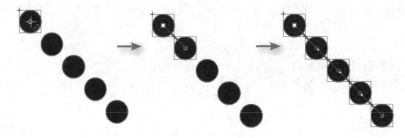

图6-31　创建骨骼

还可以在一个实例上连接多个实例以创建骨骼分支，使用骨骼工具 🖈 从要创建分支的骨骼实例上拖曳鼠标到一个新的实例上，可创建一个分支，继续连接该分支上的其他实例，如图6-32所示。

所有骨骼合在一起称为骨架，创建骨骼后，在"时间轴"面板中将自动创建一个骨架图层，如图6-33所示。

图6-32　创建分支骨骼

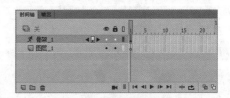

图6-33　创建的骨架图层

2. 为图形添加骨骼

为图形创建骨骼时，需要先选择图形，再使用骨骼工具在图形内部拖曳鼠标创建骨骼，继续使用骨骼工具从第一个骨骼的尾部拖曳鼠标创建下一个骨骼，创建完所有骨骼后的效果如图6-34所示。

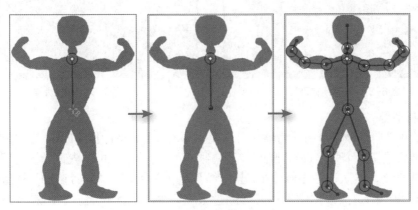

图6-34　为图形创建骨骼

（三）编辑骨骼

创建骨骼后，可以对其进行编辑，如选择骨骼和关联的对象、删除骨骼、重新调整骨骼和对象的位置等。

1. 选择骨骼和关联的对象

要编辑骨骼和关联的对象，必须先将其选中，在Animate中，选择骨骼和关联对象的方法有以下4种。

● **选择单个骨骼**：使用选择工具 ![选择工具图标] 单击骨骼即可选择单个骨骼，并且在"属性"面板中显示骨骼属性，如图6-35所示。

● **选择相邻骨骼**：在"属性"面板中单击"上一个同级"按钮 ![图标]、"下一个同级"按钮 ![图标]、"父级"按钮 ![图标]、"子级"按钮 ![图标]，可以将所选内容移动到相邻骨骼，如图6-36所示。

图6-35　选择单个骨骼

图6-36　选择相邻骨骼

● **选择所有骨骼**：使用选择工具 ![图标] 双击任意一个骨骼，可选择所有骨骼。在"属性"面板中将显示骨骼属性，如图6-37所示。

● **选择骨架**：在"时间轴"面板中单击骨架图层名称，可以选择骨架。在"属性"面板中将显示骨架属性，如图6-38所示。

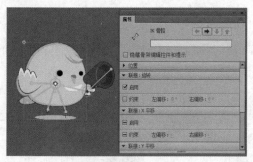

图6-37 选择所有骨骼

图6-38 选择骨架

2. 删除骨骼

要删除单个骨骼及其所有子骨骼，可以先选择该骨骼，然后按【Delete】键删除；按住【Shift】键可选择多个骨骼进行删除。若要删除所有的骨骼，可以先选择该骨架中的任意元件实例或骨骼，然后选择【修改】/【分离】菜单命令即可。或者在骨架图层中单击鼠标右键，在弹出的快捷菜单中选择"删除骨架"命令。删除骨骼后，图层将还原为正常图层。

3. 调整骨骼

在Animate中，还可以调整骨骼的位置，包括移动骨骼、移动骨骼分支、旋转多个骨骼等。

- **移动骨骼**：拖动骨架中的任意骨骼或实例，可以移动骨骼，如图6-39所示。
- **移动骨骼分支**：拖动某个分支中的骨骼或实例，可以移动该分支中的所有骨骼，骨架其他分支中的骨骼不会移动，如图6-40所示。
- **旋转骨骼**：若要将某个骨骼与其子骨骼一起旋转而不移动父骨骼，则需要按住【Shift】键拖动该骨骼，如图6-41所示。

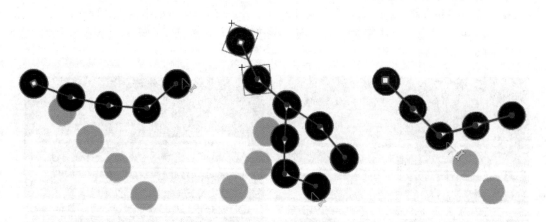

图6-39 移动骨骼　　　　　　图6-40 移动骨骼分支　　　　　　图6-41 旋转骨骼

- **调整骨骼长度**：按住【Ctrl】键不放，拖动要调整骨骼长度的元件，即可调整骨骼长度，如图6-42所示。
- **移动骨架位置**：移动整个骨架的位置，需要在"属性"面板中设置骨架的"X"和"Y"属性值，如图6-43所示。

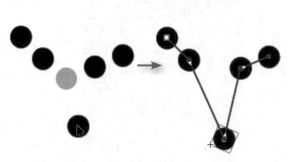

图6-42 调整骨骼长度

图6-43 移动骨架位置

（四）创建骨骼动画

创建骨骼动画，首先需要在骨架图层中添加帧以改变动画的长度，然后在不同的帧处调整舞台中的骨架创建关键帧。骨架图层中的关键帧称为姿势，Animat会自动创建每个姿势之间的过渡效果。

下面介绍在"时间轴"面板中处理骨骼动画的方法。

● **更改动画的长度**：将骨架图层的最后一个帧向右或向左拖动，以添加或删除帧，如图6-44所示。

● **添加姿势**：在骨架图层中要插入姿势的帧处单击鼠标右键，在弹出的快捷菜单中选择"插入姿势"命令，或将播放头移动到要添加姿势的帧上，然后在舞台上调整骨架，如图6-45所示。

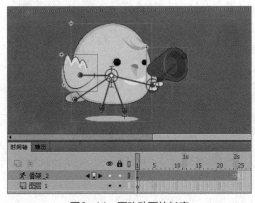

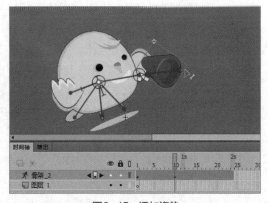

图6-44 更改动画的长度

图6-45 添加姿势

● **清除姿势**：在骨架图层的姿势帧处单击鼠标右键，在弹出的快捷菜单中选择"清除姿势"命令，即可清除姿势，如图6-46所示。

● **复制与粘贴姿势**：在骨架图层的姿势帧处单击鼠标右键，在弹出的快捷菜单中选择"复制姿势"命令，即可复制姿势，如图6-47所示；然后在要粘贴姿势的位置单击鼠标右键，在弹出的快捷菜单中选择"粘贴姿势"命令即可粘贴姿势。

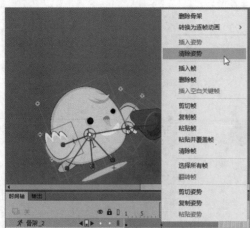

图6-46　清除姿势

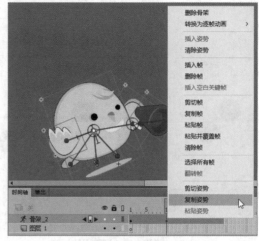

图6-47　复制姿势

（五）设置骨骼动画的属性

在骨骼动画的"属性"面板中可以对骨骼动画的运动添加各种约束，这样可以实现更加逼真的动画效果。例如，限制小腿骨骼旋转角度，以禁止膝关节按错误的方向弯曲。骨骼的"属性"面板如图6-48所示，其中相关选项的作用如下。

- **限制骨骼的运动速度：** 选择骨骼后，在"属性"面板"位置"栏的"速度"数值框中输入一个值，可限制运动速度。
- **启用*x*轴或*y*轴平移：** 选择骨骼后，在"属性"面板的"联接:X平移"或"联接:Y平移"栏中单击选中"启用"复选框、"约束"复选框，然后设置最小值与最大值，即可限制骨骼在*x*轴及*y*轴方向上的活动距离。
- **约束骨骼的旋转：** 选择骨骼后，在"属性"面板的"联接:旋转"栏中单击选中"启用"复选框、"约束"复选框，然后设置最小角度与最大角度值，可限制骨骼旋转角度。

图6-48　"属性"面板

三、任务实施

（一）创建骨骼

从"库"面板中将孙悟空身体的各个部分元件添加到舞台中，并创建骨骼，具体操作如下。

微课视频

创建骨骼

（1）启动Animate CC 2018，打开"孙悟空.fla"文件，从"库"面板中拖动所有元件到舞台中，并进行适当旋转和排列，如图6-49所示。

（2）选择骨骼工具，从身体上方拖曳鼠标到头部下方，创建一个骨骼，如图6-50所示。

图6-49　排列身体元件

图6-50　创建身体到头部的骨骼

（3）继续创建身体到胳膊、胳膊到手臂、身体到腿的骨骼，完成后的效果如图6-51所示。

（4）按住【Shift】键不放，选择右手臂和右胳膊，单击鼠标右键，在弹出的快捷菜单中选择【排列】/【移至底层】命令，将其移动到最下层。按住【Shift】键不放，选择身体、左手臂和左胳膊，单击鼠标右键，在弹出的快捷菜单中选择【排列】/【移至顶层】命令，将其移动到最上层，如图6-52所示。

图6-51　创建其他骨骼

图6-52　调整图层顺序

（二）编辑骨骼动画

调整骨骼动画时间长度，并创建姿势，具体操作如下。

（1）在骨架图层中将骨架动画右侧的边缘拖动到第24帧处，调整骨骼动画的长度，然后选择第6帧，在舞台中拖动骨骼中的各个元件，创建第1个姿势，如图6-53所示。

（2）选择第12帧，调整骨骼中的各个元件创建第2个姿势，如图6-54所示。

微课视频

编辑骨骼动画

图6-53　创建第1个姿势　　　　　　　　　　图6-54　创建下一个姿势

（3）选择第18帧，调整骨骼中的各个元件创建第3个姿势，如图6-55所示。

（4）选择第1帧，单击鼠标右键，在弹出的快捷菜单中选择"复制姿势"命令，复制第1帧的姿势，如图6-56所示。

图6-55　创建第3个姿势

图6-56　复制姿势

（5）选择第24帧，单击鼠标右键，在弹出的快捷菜单中选择"粘贴姿势"命令，将复制的姿势粘贴到该处。

（6）按【Ctrl+S】组合键保存文件，完成本任务的制作。

实训一　制作"枫叶飘落"动画

【实训要求】

制作枫叶飘落的动画效果。首先在引导层添加多条引导线，然后将枫叶对象吸附到引导线上，最后添加传统补间动画。本实训的参考效果如图6-57所示。

图6-57　枫叶飘落动画

素材所在位置　素材文件\项目六\实训一\枫叶飘落.fla
效果所在位置　效果文件\项目六\实训一\枫叶飘落.fla

【步骤提示】

（1）打开素材文件，然后在"时间轴"面板中新建7个图层，在最上面的图层上单击鼠标右键，在弹出的快捷菜单中选择"引导层"命令，将其转换为引导层。

（2）按住【Shift】键不放，同时选择"图层2"～"图层7"，并将其拖曳到引导层下方，使其成为被引导层。

微课视频
制作枫叶飘落动画

（3）使用铅笔工具 在引导层中绘制多条方向、长度、曲线都不同的引导线。

（4）选择"图层2"的第1帧，在"库"面板中选择"枫叶1"元件，并将其拖曳至舞台中，然后将元件拖动到一条引导线的 段，使其吸附在引导线上。

（5）添加关键帧，然后选择"枫叶1"元件，将其拖动到引导线的末端，并使其吸附在引导线上，完成后在该图层上单击鼠标右键，在弹出的快捷菜单中选择"创建传统补间"命令，创建传统补间动画。

（6）使用相同的方法，在"图层3"～"图层7"中添加不同的关键帧，并分别添加不同的元件，然后将添加的元件分别吸附在不同的引导线上，最后分别为所有图层创建传统补间动画。

（7）选择【文件】/【保存】菜单命令保存文件，完成动画的制作。

实训二　制作海浪效果

【实训要求】

通过遮罩图层制作海浪效果。首先导入背景素材并复制图层，然后创建遮罩图层，并在遮罩图层中创建传统补间动画，完成后的最终效果如图6-58所示。

素材所在位置　素材文件\项目六\实训二\海浪背景.png
效果所在位置　效果文件\项目六\实训二\海浪.fla

微课视频

效果预览

图6-58　海浪效果

微课视频

制作海浪效果

【步骤提示】

（1）新建一个HTML5 Canvas动画文件，将"海浪背景.png"图像文件导入舞台中。

（2）复制"图层_1"图层，然后将复制的图层中的图像向上移动10像素。

（3）新建一个图层，并将其转换为遮罩图层，然后在其中绘制多个水平的细长矩形。

（4）在第10帧处插入关键帧，将所有矩形向下移动一段距离，然后创建传统补间动画。

（5）选择其他图层的第10帧，按【F5】键插入帧。

（6）将文件保存为"海浪.fla"，完成本实训的制作。

实训三　制作"舞蹈剪影"动画

【实训要求】

　　为"舞蹈剪影"添加骨骼，然后以拖动骨骼的方式添加多个姿势。本实训的最终效果如图6-59所示。

微课视频

效果预览

图6-59　舞蹈剪影动画效果

素材所在位置 素材文件\项目六\实训三\舞蹈剪影.fla

效果所在位置 效果文件\项目六\实训三\舞蹈剪影.fla

【步骤提示】

（1）打开"舞蹈剪影.fla"素材文件，使用骨骼工具 🗗 创建骨骼。

（2）调整骨骼动画的长度，并在不同的帧处拖动骨骼以创建多个姿势。

（3）按【Ctrl+S】组合键保存文件，完成本实训的操作。

课后练习

（1）利用提供的素材文件，结合引导动画操作制作滚动蜗牛动画。整个动画分为3个部分：第1部分为蜗牛从右侧滚入撞到石头，这部分需添加滚动效果；第2部分为弹起部分，这部分需添加速度逐渐变慢的效果；第3部分为落下部分，这部分需添加回弹的效果。完成后的最终效果如图6-60所示。

图6-60　滚动蜗牛

素材所在位置 素材文件\项目六\课后练习\滚动蜗牛.fla

效果所在位置 效果文件\项目六\课后练习\滚动蜗牛.fla

（2）打开"百叶窗.fla"素材文件，利用遮罩动画为两张图片制作百叶窗的切换效果。分别将两张图片放置在两个图层中，然后创建遮罩图层，在遮罩图层中创建补间形状动画，在开始关键帧中绘制多个宽度为59像素的长条矩形，每个矩形之间间隔1像素，在结束关键帧中将矩形的宽度改为1像素。最终效果如图6-61所示。

素材所在位置 素材文件\项目六\课后练习\百叶窗.fla

效果所在位置 效果文件\项目六\课后练习\百叶窗.fla

图6-61　百叶窗

（3）打开"猪八戒.fla"素材文件，从"库"面板中将所有元件拖动到舞台中，并适当旋转和排列，然后使用骨骼工具创建骨骼。调整骨骼动画的长度，并在不同的帧处拖动骨骼以创建多个姿势。完成后的最终效果如图6-62所示。

图6-62　猪八戒

 素材所在位置　素材文件\项目六\课后练习\猪八戒.fla
效果所在位置　效果文件\项目六\课后练习\猪八戒.fla

技巧提升

问：引导动画的运动轨迹有交叉应怎么处理？

答：同一组引导动画中的引导线是不允许交叉的，如果运动轨迹不可避免地需要交叉，则可分为多个引导层来实现，根据交叉情况分成多个引导层组，分别绘制不交叉的引导线并创建相应的引导动画。

问：如何实现圆形轨迹的引导动画？

答：要实现这种效果，可以先绘制出圆形引导线，然后使用橡皮擦工具 将圆形引导线擦出一个小小的缺口，在创建引导动画时，分别将开始帧和结束帧中的元件放置于缺口的两端，就可以使元件沿圆形轨迹运动。

问：创建引导层动画时，动画对象为什么不沿引导线运动？

答：产生这种情况的原因可能是引导线有问题，如转折太多、有交叉、断点等，或是运动对象未吸附到引导线上。因此，在创建引导层动画时，一定要确保运动对象的中心点吸附在了引导线上。

项目七
添加音频和视频

情景导入

　　米拉今天需要制作一个MV，需要在动画里添加声音和视频，于是她向老洪请教在Animate中添加声音和视频的方法。

学习目标

- 掌握导入声音文件的方法。
  包括声音的格式、导入与添加声音、修改或删除声音、设置声音播放次数、设置声音的属性等。

- 掌握导入视频文件的方法。
  包括视频的格式、导入视频文件等。

思政元素

规则意识　注重细节

案例展示

▲ "音乐片头" 动画效果

▲ "夜色朦胧" 动画效果

任务一 制作"音乐片头"动画

老洪告诉米拉，在Animate动画中可以添加声音，如卡通短剧、MTV、游戏动画作品都需要添加声音。另外，为一些按钮添加生动的音效，更能吸引观众。

一、任务目标

制作一个有声动画，使观看Animate动画的过程更加有趣。制作过程包括背景动画的制作、声音的添加与优化等。通过本任务的学习，可以掌握声音的导入及优化方法。本任务制作完成后的最终效果如图7-1所示。

素材所在位置 素材文件\项目七\任务一\音乐片头.fla、B1.png、B2.png、B3.png、bg.mp3、bt.mp3

效果所在位置 效果文件\项目七\任务一\音乐片头.fla

微课视频

效果预览

图7-1 音乐片动画

二、相关知识

制作本任务涉及声音的格式、导入与添加声音、设置声音、修改与删除声音、设置声音播放次数、设置声音的属性。

（一）声音的格式

声音的格式有很多，从品质较低的到品质较高的格式都有。通常在听歌时，接触最多的有MP3、WAV、WMA、AAC等格式。

由于HTML5 Canvas格式最终发布出来的动画是HTML5的网页文件，所以在HTML5 Canvas格式下，Animate也只能导入HTML5网页支持的WAV和MP3格式的声音文件，下面介绍这两种格式。

- **WAV**：是由微软和IBM公司共同开发的PC的标准音频格式。WAV音频格式直接保存对声音波形的采样数据。因为数据没有经过压缩，所以声音的品质很好，但是WAV格式占用的磁盘空间很大，通常一首5分钟左右的歌曲会占用50 MB左右的磁盘空间。

- **MP3**：是大家熟知的一种音频格式，这是一种压缩的音频格式，相比WAV要小很多，通常5分钟左右的歌曲只会占用5~10 MB的磁盘空间。虽然MP3是一种压缩格式，但这种格式拥有较好的声音质量，加上文件较小，所以被广泛应用于各个领域，并且在网络上传输也十分方便。

（二）导入与添加声音

准备好声音素材后，就可以在Animate动画中导入声音。一般可将外部的声音先导入"库"面板中。选择【文件】/【导入】/【导入到库】菜单命令，在打开的"导入到库"对话框中选择要导入的声音文件，然后单击"打开"按钮，即可完成导入声音的操作。

导入完成后，打开"库"面板，选择需要添加的声音文件，将其拖动到舞台背景中，即可完成添加声音的操作，如图7-2所示。

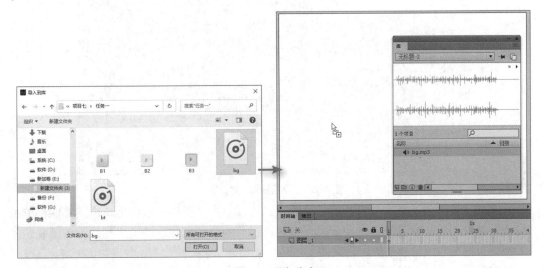

图7-2 添加声音

（三）修改与删除声音

在图层中添加声音文件后，通过"属性"面板可以将声音文件替换为其他的声音或将其删除。方法为：在图层中选择已添加声音的帧，在"属性"面板"声音"栏的"名称"下拉列表框中选择其他声音文件即可替换声音，选择"无"选项则可删除声音，如图7-3所示。

（四）设置声音播放次数

在图层中选择已添加声音的帧，在"属性"面板"声音"栏的"同步"下的第2个下拉列表框中选择"重复"选项，在其后的数值框中可以设置声音文件的播放次数；选择"循环"选项将一直循环播放声音文件，如图7-4所示。

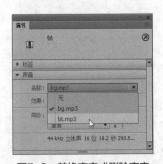

图7-3 替换声音或删除声音

图7-4 设置声音播放次数

（五）设置声音的属性

双击"库"面板中的声音文件图标，在打开的"声音属性"对话框中显示了声音文件的相关信息，包括文件名、文件路径、创建时间和声音的长度等，如图7-5所示。

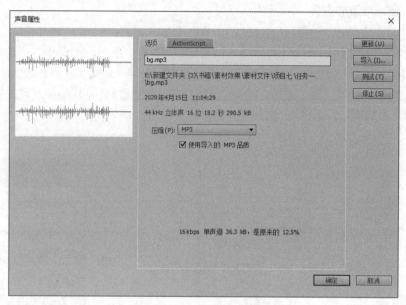

图7-5 "声音属性"对话框

如果导入的声音文件在外部进行了修改，则可以单击"更新"按钮更新声音文件；单击"导入"按钮可以重新选择一个声音文件来替换当前的声音文件，单击"测试"按钮或"停止"按钮可以播放或停止播放声音文件。

在"压缩"下拉列表框中选择"默认"选项，将使用"MP3，16kbps，单声道"的格式对声音文件进行压缩；选择"MP3"选项且选中"使用导入的MP3品质"复选框，将使用MP3文件原先的压缩格式；选择"MP3"选项且取消选中"使用导入的MP3品质"复选框，将会显示详细的压缩选项，在其中可以手动设置压缩选项，如图7-6所示。

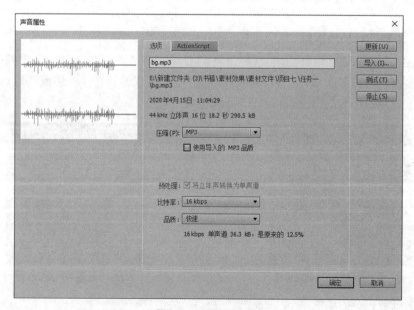

图7-6 设置压缩属性

三、任务实施

（一）添加背景音乐

导入所有素材文件，并在时间轴中添加背景音乐，具体操作如下。

（1）打开"音乐片头.fla"素材文件，选择【文件】/【导入】/【导入到库】菜单命令，在打开的"导入到库"对话框中选择所有的素材文件，如图7-7所示，然后单击"打开"按钮导入素材。

（2）在"时间轴"面板中新建一个图层并将其重命名为"背景音乐"，选择第1帧，在"属性"面板的"声音"栏中设置"名称"为"bg.mp3"，并循环播放，如图7-8所示。

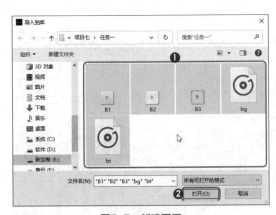

图7-7 新建图层

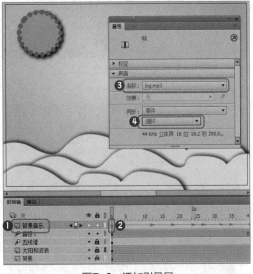

图7-8 添加引导层

（二）添加按钮音效

添加一个按钮，并设置单击按钮时的音效，具体操作如下。

（1）新建一个图层，将其重命名为"按钮"，在"库"面板中将"B1.png"拖动到舞台的右上角，按【F8】键，打开"转换为元件"对话框，设置"名称"为"按钮"，"类型"为"按钮"，单击"确定"按钮将其转换为按钮元件，如图7-9所示。

（2）双击按钮元件进入其编辑界面，同时选择"指针经过""按下""点击"帧，按【F6】键插入关键帧。选择"指针经过"帧中的图像，单击属性面板中的"交换"按钮，如图7-10所示。

（3）打开"交换位图"对话框，选择"B2.png"选项，单击"确定"按钮，将图像替换为"B2.png"，如图7-11所示。

（4）使用相同的方法将"按下"帧中的图像替换为"B3.png"，然后从"库"面板中将"bt.mp3"拖动到舞台中，如图7-12所示。

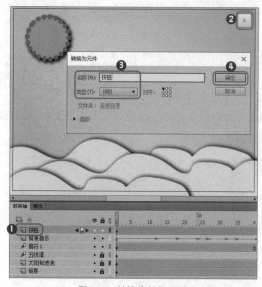

图7-9　转换为按钮元件

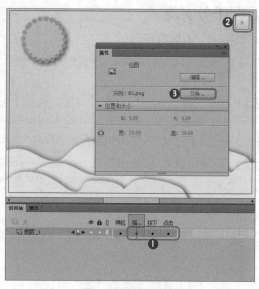

图7-10　插入关键帧

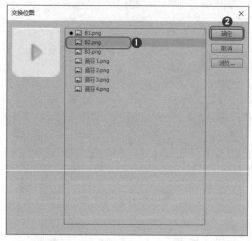

图7-11　"交换位图"对话框

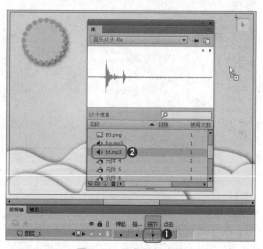

图7-12　添加按钮音效

（5）按【Ctrl+S】组合键保存文件，完成本任务的操作。

任务二　制作"夜色朦胧"动画

米拉学会了在Animate中插入声音文件后，又想要在动画中插入视频。于是老洪通过夜色朦胧动画效果来教米拉在Animate中插入视频文件的方法。

素材所在位置　素材文件\项目七\任务二\夜色背景.png、风景1.mp4、风景
2.mp4、bg.mp3
效果所在位置　效果文件\项目七\任务二\夜色朦胧.fla

一、任务目标

制作夜色朦胧动画，要在动画中插入两个视频文件。通过本任务的学习，可以掌握在Animate中导入视频的方法。本任务完成后的效果如图7-13所示。

微课视频

效果预览

图7-13　夜色朦胧动画

二、相关知识

在制作本任务的过程中，需要了解视频的格式及导入视频文件等相关知识。

（一）视频的格式

在HTML5 Canvas格式下，只能导入HTML5支持的视频格式，包括MP4、Ogg、Ogv和WebM 4种，下面分别进行介绍。

- **MP4**：MP4是一套用于音频、视频信息的压缩编码标准，由国际标准化组织（International Organization for Standardization，ISO）和国际电工委员会（International Electro technical Commission，IEC）下属的动态图像专家组（Moving Picture Experts Group，MPEG）制定，主要用于网上视频、光盘、语音发送（视频电话）及电视广播等。
- **Ogg**：Ogg是一种音频压缩格式，可以纳入各式各样自由和开放原始码的编解码器，包含音频、视频、文本（如字幕）等内容。
- **Ogv**：Ogv是HTML5中的一个名为Ogg Theora的视频格式，起源于Ogg容器格式。
- **WebM**：WebM是一个开放、免费的媒体文件格式，WebM格式的视频是基于HTML5标准的，其中包括了VP8影片轨和Ogg Vorbis音轨。WebM项目旨在为对每个人都开放的网络开发高质量、开放的视频格式，其重点是解决视频服务这一核心的网络用户体验。

（二）导入视频文件

在HTML5 Canvas格式下，Animate不能直接导入视频文件，需要先插入一个"Video"组件，然后通过"源"属性来插入视频。

选择【窗口】/【组件】对话框，打开"组件"面板，如图7-14所示，展开"视频"选项，将其下的"Video"组件拖动到舞台中，即可添加"Video"组件。选择添加的"Video"组件，在"属性"面板中将显示一个"显示参数"按钮，如图7-15所示。单击该按钮将打开"组件参数"面板，在其中可以设置"Video"组件的参数，如图7-16所示。

图7-14 "组件"面板

图7-15 "属性"面板

图7-16 "组件参数"面板

单击"源"后的 ✏ 按钮，打开图7-17所示的"内容路径"对话框，单击"浏览"按钮 📁，打开"浏览源文件"对话框，在其中选择需要的视频文件，单击"打开"按钮返回"内容路径"对话框，再单击"确定"按钮即可导入视频，如图7-18所示。

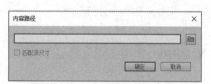

图7-17 "内容路径"对话框

图7-18 "浏览源文件"对话框

知识
提示

匹配视频尺寸

　　选择视频文件并返回"内容路径"对话框后，可以选中"匹配源尺寸"复选框，这样在单击"确定"按钮后会自动调整"Video"组件的尺寸与视频文件的尺寸一致。

Video "组件参数"面板中，其他参数的作用如下。

● **自动播放**：选中该复选框，当动画播放到"Video"组件所在的帧时，会自动播放视频，否则将不播放视频，只有单击控制栏中的"播放"按钮时，才会播放。

● **控制**：选中该复选框，将在视频的下方显示一个播放控制栏，否则将不会显示。

● **已静音**：选中该复选框，播放视频时将静音。

● **循环**：选中该复选框，将循环播放视频，否则当视频播放完后将停止，需用户单击"播放"按钮后才能重新播放，

● **海报图像**：单击其后的 ✏ 按钮，在打开的"内容路径"对话框中可以设置一张图片作为视频的海报，当视频加载时将显示海报图像的内容。

● **预加载**：选中该复选框将预先加载视频文件，否则只有播放到视频所在帧时才会加载视频。

● **类**：设置"Video"组件的CSS类名，可以通过CSS样式文件控制Video组件的样式。

三、任务实施

（一）制作背景

导入背景图像、制作视频边框并输入文本，具体操作如下。

（1）启动Animate CC 2018，新建一个1 000像素×600像素的HTML5 Canvas动画文件，将"夜色背景.png"素材文件导入舞台，调整图像的大小与舞台大小一致，如图7-19所示。

（2）使用文本工具 $\boxed{T}$ 在舞台下方输入"夜色朦胧"文本，设置文本的"系列、大小和颜色"分别为"汉仪中圆简、39磅、#FFFFFF"，如图7-20所示。

图7-19　导入背景

图7-20　输入并设置文本

（3）新建一个图层，使用矩形工具 $\boxed{\blacksquare}$ 在舞台左侧绘制一个笔触为32、笔触颜色为#FFFFCC、Alpha为30%、无填充的矩形，如图7-21所示。

（4）按住【Alt】键不放向右拖曳鼠标复制一个矩形，然后选择两个矩形并按【F8】键，将其转换为名称为"视频边框"的影片剪辑元件，如图7-22所示。

图7-21　绘制矩形

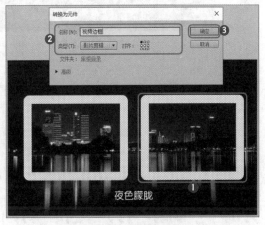

图7-22　转换为元件

（5）在"属性"面板中为元件添加一个"发光"滤镜，并设置"模糊X、模糊Y、强度和颜色"分别为"20像素、20像素、100%和#FFFFFF"，如图7-23所示。

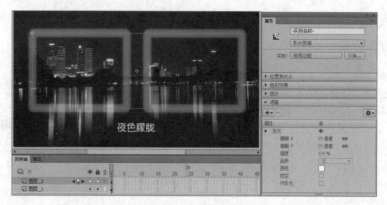

图7-23　添加发光滤镜

微课视频
导入视频

（二）导入视频

添加"Video"组件，并设置组件参数，具体操作如下。

（1）选择【窗口】/【组件】对话框，打开"组件"面板，将"视频"栏下的"Video"组件拖动到舞台中，使用任意变形工具 调整组件的大小，并将其放置到左侧的矩形框中，然后复制一个"Video"组件，将其移动到右侧的矩形中，如图7-24所示。

（2）选择左侧的"Video"组件，在"属性"面板中单击"显示参数"按钮，打开"组件参数"面板。单击"源"后的 按钮，如图7-25所示。

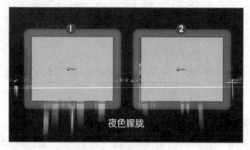

图7-24　设置遮罩层

图7-25　"组件参数"面板

（3）在打开的"内容路径"对话框中单击"浏览"按钮 ，选择"风景1.mp4"视频文件，单击"打开"按钮，返回到"内容路径"对话框，如图7-26所示，单击"确定"按钮关闭"内容路径"对话框。

（4）选择右侧的"Video"组件，修改源为"风景2.mp4"视频文件。

（5）将文件保存为"夜色朦胧.fla"，完成本任务的操作。

图7-26　"内容路径"对话框

实训一　制作"有声飞机"动画

【实训要求】

为飞机动画添加背景音乐，使观看动画的过程更加有趣。制作过程包括背景动画的制作、声音的添加与优化等。本实训的参考效果如图7-27所示。

微课视频

效果预览

图7-27　有声飞机动画

素材所在位置　素材文件\项目七\实训一\背景.png、背景音乐.MP3、飞机.png、云.png

效果所在位置　效果文件\项目七\实训一\有声飞机.fla

【步骤提示】

微课视频

制作有声飞机动画

（1）新建一个尺寸为1 000像素×600像素的动画文件，将所有素材文件导入库中，再将"背景.jpg"图像拖曳到舞台中。

（2）新建"浮云1"影片剪辑元件，将"云.png"图像添加到其中并调整图像的大小。

（3）新建"浮云2"影片剪辑元件，将"云.png"图像添加到其中并调整图像的大小。

（4）返回主场景，在第160帧处插入关键帧。新建"图层2"，将"浮云1"元件移动到舞台左上角，在第160帧处插入关键帧，将元件移动到舞台右边，在第1帧和第160帧之间创建传统补间动画。

（5）新建"图层3"，将"浮云2"元件移动到舞台中间上方的位置，在第160帧处插入关键帧，将元件移动到舞台右边，在第1帧和第160帧之间创建传统补间动画。

（6）新建"飞机"影片剪辑元件，在元件编辑窗口中将"飞机.png"图像从"库"面板中移动到舞台中。

（7）返回主场景，新建"图层4"。将"飞机"元件移动到舞台的左下角，并旋转元件。打开"变形"面板，设置"飞机"元件的"缩放宽度、缩放高度"都为"45.0%"。将"图层4"转换为补间动画。

（8）在"时间轴"面板中选择第160帧，将飞机元件向舞台右上角移动，并旋转元件，在"变形"面板中设置"飞机"元件的"缩放宽度"和"缩放高度"都为"30.0%"。

（9）新建图层，将其重命名为"声音"。选择"声音"图层，从"库"面板中将"背景音乐.mp3"音频拖曳到舞台中。

（10）在"图层4"的第35帧和第80帧处移动飞机，然后使用选择工具▶调整各个关键帧之间的路径，使其变为平滑的曲线。

实训二 制作"电视节目预告"动画

【实训要求】

制作电视节目预告动画。首先导入背景素材并绘制视频边框，然后通过"Video"组件导入视频，最后输入文本，完成后的最终效果如图7-28所示。

图7-28 电视节目预告

素材所在位置 素材文件\项目七\实训二\背景.png、电视节目预告.mp4
效果所在位置 效果文件\项目七\实训二\电视节目预告.fla

【步骤提示】

（1）新建一个尺寸为1 000像素×651像素的空白动画文档，在"图层1"中导入"背景.png"图像文件。

（2）新建一个影片剪辑元件，在其中绘制一个矩形作为视频的边框。返回主场景，新建"图层2"图层，将视频边框元件添加到"图层2"图层中。

（3）将"视频"下的"Video"组件拖动到舞台中，并调整其大小。

（4）设置"Video"组件的"源"为"电视节目预告.mp4"。

（5）使用文本工具 T 在视频左侧输入"电视节目预告"文本，在"属性"面板中设置"系列、大小、颜色"分别为"华文琥珀、39.0磅、#FFFFFF"。

（6）将文本转换为影片剪辑元件，然后添加"投影"滤镜，在"属性"栏中设置"距离"为"10像素"。

课后练习

（1）制作一个电视动画，使用径向渐变填充的矩形作为背景，使用直线工具绘制天线，使用钢笔工具绘制电视外形，使用矩形工具绘制电视画面边框，使用"Video"组件插入"雨珠.mp4"视频文件。完成后的最终效果如图7-29所示。

素材所在位置 素材文件\项目七\课后练习\雨珠.mp4
效果所在位置 效果文件\项目六\课后练习\电视动画.fla

微课视频

效果预览

图7-29 电视动画

（2）利用提供的图片素材，根据要求制作一个按钮元件，并添加单击按钮时发出声音的效果。完成后的最终效果如图7-30所示。

微课视频

效果预览

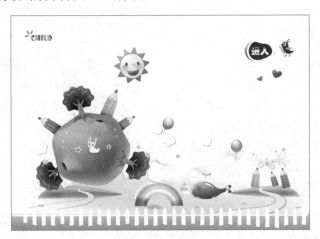

图7-30 按钮元件

素材所在位置 素材文件\项目七\课后练习\背景.jpg、按钮1.png、按钮2.png、单击.MP3

效果所在位置 效果文件\项目七\课后练习\儿童网站进入界面.fla

技巧提升

问：声音、视频文件格式不被Animate支持怎么办？

答：可以使用格式工厂将声音文件的格式转换为MP3格式，将视频文件的格式转换为MP4格式。

问：如何为视频添加淡入淡出效果？

答：由于HTML5 Canvas文档不支持声音文件的封套效果，所以无法直接为音频文件添加淡入淡出效果，只能使用其他音频编辑软件（如Adobe Audition）修改声音文件后，再重新导入。

项目八
制作脚本与组件动画

情景导入

米拉听说在Animate中通过脚本可以制作特殊动画，如星空夜景、鼠标跟随、燃烧的火焰、好玩的游戏等，于是向老洪请教在Animate中添加脚本的方法。

学习目标

● 掌握脚本的使用方法。

包括认识JavaScript和CreateJS，"动作"面板的使用，变量、数据类型、函数、语句、时间轴导航函数的用法，事件处理等；处理时间和日期，显示动态文本等；随机函数的常用方法，设置影片剪辑属性等。

● 掌握组件的使用方法。

包括组件的类型、组件的操作、常用组件的使用等。

思政元素

热爱自然　时间管理

案例展示

▲动态风光相册

▲雪花飘落

▲问卷调查表

任务一 制作"动态风光"相册

米拉制作动态风光相册动画，需要通过按钮控制图像的显示。于是老洪通过这个案例教米拉在Animate中添加脚本的方法。

一、任务目标

使用JavaScript和CreateJS库制作动态风光相册。在其中需要添加"首页""上一页""下一页"和"尾页"4个按钮，单击这些按钮，可以显示相应的图片，并在显示第1张图片时隐藏"首页"和"上一页"按钮；显示最后一张图片时隐藏"下一页"和"尾页"按钮。通过本任务的学习，可以掌握使用JavaScript和CreateJS库制作脚本动画的方法。本任务制作完成后的最终效果如图8-1所示。

素材所在位置　素材文件\项目八\任务一\1.jpg～8.jpg、首页.png、上一页.png、下一页.png、尾页.png

效果所在位置　效果文件\项目八\任务一\动态风光相册.fla

图8-1　动态风光相册

二、相关知识

制作本任务，涉及JavaScript和CreateJS、"动作"面板的使用、变量、数据类型、表达式和运算符等相关知识。

微课视频

效果预览

（一）JavaScript和CreateJS

在Animate中创建HTML5 Canvas文件时，可以使用JavaScript和CreateJS来为动画添加交互功能。

1. JavaScript

JavaScript是一种基于对象和事件驱动并具有相对安全性的客户端脚本语言，同时也是一种广泛用于客户端Web开发的脚本语言，常用来给HTML网页添加动态功能，如响应用户的各种操作。

2. CreateJS

CreateJS 是一个模块化的库和工具套件，它支持通过 HTML5 开放的 Web 技术创建丰富的交互性内容。CreateJS 可分别使用这些库将舞台上创建的内容转换为 HTML5，从而生成 HTML 和 JavaScript 输出文件。CreateJS 套件包括EaseIJS、TweenJS、SoundJS 和 PreloadJS 4个模块。

- **EaselJS**：EaselJS用于位图、矢量图、元件等的绘制，以及创建交互等。
- **TweenJS**：TweenJS用于制作补间动画，可生成数字或非数字的连续变化效果。
- **SoundJS**：SoundJS是一个音频播放引擎，能够根据浏览器性能选择音频播放方式。将音频文件作为模块，可随时加载和卸载。
- **PreloadJS**：PreloadJS可以简化网站资源的预加载工作，方便加载图形、视频、声音和数据文件等。

（二）"动作"面板的使用

选择【窗口】/【动作】菜单命令或按【F9】键，打开图8-2所示的"动作"面板，在其中可以编辑JavaScript脚本程序。

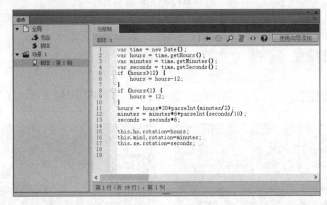

图8-2　"动作"面板

- **添加帧脚本**：在某一帧上添加脚本，需要先在该帧处插入一个关键帧，然后打开"动作"面板输入脚本代码即可。当动画播放到该帧时，会运行帧中的脚本程序。
- **引入第三方脚本**：在"动作"面板中选择"全局"下方的"包含"选项，再单击➕按钮可以为动画引入第三方的脚本文件，如图8-3所示。

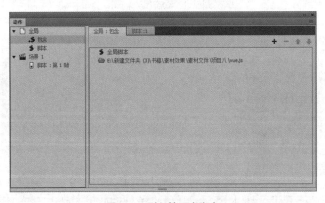

图8-3　引入第三方脚本

- **添加全局脚本**：在"动作"面板中选择"全局"下方的"脚本"选项，可以添加全局脚本，在播放动画时，会首先运行全局脚本，并启动定义的变量和函数，整个动画都可以访问。
- **使用向导添加**：单击"动作"面板中的"使用向导添加"按钮，只需按照向导的提示进行操作，即可完成脚本的添加，如图8-4所示。

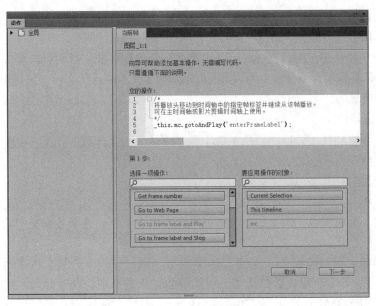

图8-4　使用向导添加

（三）变量

变量就是内存中的一块存储空间，这个空间中存放的数据就是变量的值。为这块区域贴上标识符，就是变量名。

变量值在程序运行期间是可以改变的，它主要是作为数据的存取容器。在使用变量时，最好对其进行声明。虽然在 JavaScript 中并不要求一定要声明变量，但为了不混淆，应声明变量。变量的声明主要是明确变量的名称、变量的类型及变量的作用域。

变量的命名需要注意以下几点。

● 变量名只能由字母、数字和下画线"_"组成，以字母开头，除此之外不能有空格和其他符号。

● 变量名不能使用JavaScript中的关键字。

● 在命名变量时，变量的文本最好与变量所代表的含义相对应，以免出现错误。

在JavaScript中使用var关键字声明变量，例如：

```
01   var city1;
```

此处定义了一个名为city1的变量。

定义变量后要为其赋值，即在变量里存储一个值，这是利用赋值符"="来完成的，例如：

```
01   var width=35;
02   var name="box";
03   var visible=true;
04   var data=null;
```

代码分别声明了4个变量，同时赋予了值。变量的类型是由数据的类型确定的。

例如，在上面的代码中，为变量width赋值"35"，"35"为数值，该变量就是数值变量；为变量name赋值"box"，"box"为字符串，该变量就是字符串变量，字符串是使用双引号或单引号引起来的字符；为变量visible赋值"true"，"true"为布尔型，该变量就是布尔型变量，布尔型的数据类型一般使用true或false表示；为变量data赋值"null"，"null"就表示空值，即什么也没有。

变量有一定的作用范围，在JavaScript中有全局变量和局部变量两种。全局变量定义在所有函数体之外，其作用范围是整个函数；而局部变量定义在函数体之内，只对该函数可见，对其他函数是不可见的。

（四）数据类型

JavaScript变量的基本数据类型除了数字型、布尔型和字符串型外，还有组合数据类型的对象和数组、特殊数据类型Null和Undefined。

1. 数字数据类型

JavaScript 数字数据类型的整数和浮点数并没有什么不同，数字数据类型的变量值可以是整数或浮点数。简单地说，数字数据类型就是浮点数据类型，数字数据类型的变量值有以下几种。

- **整数值**：整数值包含0、正整数和负整数，可以使用十进制、八进制和十六进制表示。以0开头且每位数的值为0～7的整数是八进制数；以0x开头，其余位数为0～9和A～F的整数是十六进制数。
- **浮点数值**：浮点数是整数加上小数，其整数部分的绝对值最大可以达到1.7976931348623157E＋308，其小数部分的绝对值最小可以达到5E–324，使用e或E符号代表以10为底的指数。

2. 字符串数据类型

字符串可以包含0或多个Unicode字符，其中包含文字、数字和标点符号。字符串数据类型是用来保存文字内容的变量，JavaScript程序代码的字符串需要使用"''"或"''"符号引起来。

3. 布尔数据类型

布尔数据类型只有两个值，即true和false，主要用于条件和循环控制的判断，以便决定是否继续运行对应段的程序代码，或判断循环是否结束。

4. Null数据类型

Null数据类型只有一个null值，null是一个关键字，并不是0，如果变量值为null，则表示变量没有值或不是一个对象。

5. Undefined数据类型

Undifined数据类型表示一个变量有声明，但是不曾指定变量值，或者一个对象属性根本不存在。

（五）表达式和运算符

在定义完变量后，就可以对其进行赋值、改变、计算等一系列操作，这一过程通过表达式来完成，而表达式是由变量、常量和运算符所构成的一个可以进行运算的式子。

1. 表达式

表达式是常量、变量、布尔和运算符的集合，因此，表达式可以分为算术表达式、字符表达式、赋值表达式和布尔表达式等。

2. 运算符

运算符是用于完成操作的一系列符号。在JavaScript中，运算符包括算术运算符、比较运算符和逻辑运算符。

- 算术运算符用于进行加、减、乘、除及其他数学运算，如表8-1所示。

表8-1 算术运算符

算术运算符	描述
+	加
−	减
*	乘
/	除
%	取模
++	递加1
−−	递减1

● 比较运算符用于比较两个表达式的值，并返回一个布尔值，如表8-2所示。

表8-2 比较运算符

比较运算符	描述
<	小于
>	大于
<=	小于等于
>=	大于等于
=	等于
!=	不等于

● 逻辑运算符用于对两个布尔值进行逻辑运算，并返回一个布尔值，如表8-3所示。

表8-3 逻辑运算符

逻辑运算符	描述
&&	逻辑与，在形式 A&&B 中，只有当两个条件 A 和 B 同时成立时，整个表达式的值才为 true
||	逻辑或，在形式 A||B 中，只要两个条件 A 和 B 中有一个成立，整个表达式的值就为 true
!	逻辑非，在 !A 中，当 A 成立时，表达式的值为 false；当 A 不成立时，表达式的值为 true

3. 运算符的优先级和结合律

运算符的优先级和结合律决定了处理运算符的顺序。对于熟悉算术的用户来说，编译器先处理乘法运算符（*），后处理加法运算符（+）是自然而然的事情，同样，编译器也会根据运算符的优先级决定先处理哪些运算符，后处理哪些运算符。JavaScript 定义了一个默认的运算符优先级，可以使用小括号运算符（()）来改变其优先级。例如，下面的代码就是改变默认优先级，强制编译器优先处理加法运算符，然后处理乘法运算符的。

```
01  var sum = (2 + 3) * 4; //结果为20
```

当同一个表达式中出现两个或多个具有相同优先级的运算符时，编译器使用结合律的规则会确定首先处理哪个运算符。除了赋值运算符和条件运算符（?:）之外，所有二进制运算符都是左结合的，即先处理左边的运算符，然后处理右边的运算符。而赋值运算符和条件运算符（?:）则是右结合。

例如，小于运算符（<）和大于运算符（>）具有相同的优先级，可将这两个运算符用于同一个表达式中，因为这两个运算符都是左结合的。因此，以下两个语句将生成相同的输出结果。

```
01   alert(3 > 2 < 1); // false
02   alert((3 > 2) < 1); // false
```

（六）函数

函数是一个拥有名称的一系列JavaScript语句的有效组合。只要这个函数被调用，就意味着这一系列JavaScript语句被按顺序解释执行。一个函数可以有自己的参数，并且可以在函数内使用参数。

语法：

```
01   function 函数名称（参数表）{
02       函数执行部分
03   }
```

说明：

函数名用于定义函数名称，参数是传递给函数使用或操作的值，其值可以是常量、变量或其他表达式。

（七）语句

在JavaScript中主要有两种基本语句，一种是条件语句，如if、switch；一种是循环语句，如for、while。另外，还有其他的一些程序控制语句，下面介绍基本语句的使用。

1. 单if语句

if可以理解为"如果"的意思，即如果条件满足，就执行其后的语句，单if语句的用法示例如下。

```
01   if (x > 5) {
02       alert("输入的数据大于5");
03   }
```

2. if…else语句

if…else语句中的"else"可以理解为"另外的""否则"的意思，整个if…else语句可以理解为"如果条件成立，就执行if后面的语句，否则执行else后面的语句"。if…else语句的用法示例如下。

```
01   if (x > 5) { //x>5是判断条件
02       alert("x>5"); //如果x>5条件满足，就执行本代码块
03   } else {
04       alert("x=5"); //如果x>5条件不满足，就执行本代码块
05   }
```

3. if…else if语句

使用if…else if条件语句可以连续测试多个条件，以实现对更多条件的判断。要检查一系列的条件是真还是假，可使用if…else if条件语句。if…else if语句的用法示例如下。

```
01   if (x > 10) {
02       alert("x>10");
```

```
03    } else if (x < 0) { //再进一步判断
04        alert("x是负数");
05    }
```

4. switch条件语句

当判断条件比较多时，为了使程序更加清晰，可以使用switch语句。switch语句的用法示例如下。

```
01    var score = new Date();
02    var dayNum = someDate.getDay();
03    switch (dayNum) {
04        case 0:
05            alert("明天又要上班啦");
06            break;
07        case 1:
08            trace("开始上班了");
09            break;
10        case 5:
11            trace("明天又是周末了");
12            break;
13        case 6:
14            trace("周末");
15            break;
16        default:
17            trace("上班中");
18            break;
19    }
```

使用switch语句时，表达式的值将与每个case语句中的常量比较。如果相匹配，则执行该case语句后的代码；如果没有一个case的常量与表达式的值相匹配，则执行default后的语句。当然，default语句是可选的。如果没有相匹配的case语句，也没有default语句，则什么也不执行。

5. for语句

for语句用于循环访问某个变量以获得特定范围的值。在for语句中必须提供3个表达式，分别是设置了初始值的变量、用于确定循环何时结束的条件语句，以及在每次循环中都更改变量值的表达式。使用for语句创建循环的用法示例如下。

```
01    //以下代码循环10次，输出0~9共10个数字，每个数字各占一行
02    for (var i= 0; i < 10; i++)
03    {
04      alert(i); //输出i的值
05    }
```

6. for…in循环语句

for…in循环语句用于循环访问对象属性或数组元素。for…in语句的用法示例如下。

```
01  var yourObj = {x:10, y:80}; //定义了两个对象属性
02  for (var i in yourObj)
03  {
04    alert(i + ":" + yourObj[i]);
05  }
```

7. while循环语句

while循环语句可重复执行某条语句或某段程序。使用while语句时，系统会先计算表达式的值，如果值为true，就执行循环代码块，在执行完循环的每一个语句之后，while语句再次计算该表达式，当表达式的值仍为true时，再次执行循环体中的语句，直到表达式的值为false。while语句的用法示例如下。

```
01  var i = 0;
02  while (i < 10) {
03      alert(i);
04      i++;
05  }
```

8. do…while语句

do…while语句与while语句类似，使用do…while语句可以创建与while语句相同的循环，但do…while语句在其循环结束处会对表达式进行判断，因而使用do…while语句至少会执行一次循环。do…While语句的用法示例如下。

```
01  //即使条件不满足，该例也会生成输出结果：10
02  var i = 10;
03  do {
04      alert(i);
05      i++;
06  } while (i < 10);
```

（八）时间轴导航函数

时间轴导航函数是CreateJS中用于控制时间轴的播放、暂停、跳转等功能的语句。

● play函数：播放时间轴，用法示例如下。

```
01  this.play();
```

● stop函数：暂停播放时间轴，用法示例如下。

```
01  this.stop();
```

● gotoAndPlay函数：跳转到指定帧并播放，参数为帧编号或帧标签，用法示例如下。

```
01  this.gotoAndPlay(5); //跳转到第6帧并播放
```

● gotoAndStop函数：跳转到指定帧并暂停，参数为帧编号或帧标签，用法示例如下。

```
01  this.gotoAndStop("mian"); //跳转到标签为 "main" 的帧并播放
```

帧的起始编号

在CreateJS中，因为帧的编号是从0开始的，所以在跳转时设置的参数要比实际的编号小1，如跳转到第1帧并播放的代码为this.gotoAndPlay(0)，跳转到第10帧并暂停的代码为this.gotoAndStop(9)。

（九）事件处理

事件处理主要包括添加事件、移除事件、是否包含指定事件等。

1. 添加事件

要为某个实例添加事件，首先需要在"属性"面板中设置实例名称，然后在帧脚本中通过addEventListener函数为实例添加事件。常用的事件包括click（单击）、dbclick（双击）、mouseover（鼠标悬停）、mouseout（鼠标离开）等。例如，为MC实例添加click事件，代码如下。

```
01    this.MC.addEventListener("click", mouseClickHandler.bind(this));
02    function mouseClickHandler(){
03        alert("单击鼠标");
04    }
```

2. 移除事件

通过removeEventListener函数可以移除实例中指定的事件。例如，移除MC实例中的click事件，代码如下。

```
01    this.MC.removeEventListener("click", mouseClickHandler);
```

通过removeAllEventListeners函数可以移除实例中的所有事件。例如，移除MC实例的所有事件，代码如下。

```
01    this.MC.removeAllEventListeners();
```

3. 是否包含指定事件

通过hasEventListener函数可以判断实例是否包含指定事件，如果包含则返回true，否则返回false。例如，判断MC实例是否包含click事件，代码如下。

```
01    this.MC.hasEventListener("click");
```

三、任务实施

（一）添加图片和按钮

导入图片文件，并制作4个按钮，具体操作如下。

（1）启动Animate CC 2018，新建一个1 200像素×800像素、背景颜色为"#336666"的HTML5 Canvas动画文件。

（2）选择【文件】/【导入】/【导入到舞台】菜单命令，在打开的对话框中选择"1.jpg"图像文件，单击"打开"按钮，在打开的提示对话框中单击"是"按钮，导入图像序列。总共导入8张图片，将其分别放置于第1~8帧中，如图8-5所示。

（3）单击"时间轴"面板中的"编辑多个帧"按钮，调整编辑范围为第1~8帧，然后在"对齐"面板中选中"与舞台对齐"复选框，单击"水平中齐"按钮和"垂直中齐"按

微课视频

添加图片和按钮

钮📐，使8张图片都处于舞台的正中间，如图8-6所示，完成后再次单击"编辑多个帧"按钮退出"编辑多个帧"状态。

图8-5　导入图片序列

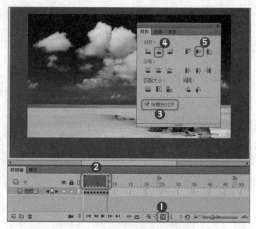

图8-6　使8张图片都处于舞台的正中间

（4）新建一个图层，导入"首页.png"图像文件，设置缩放比例为30%，将其转换为按钮元件。双击按钮元件，进入其编辑界面，按3次【F6】键，插入3个关键帧，再将"指针经过"帧中图像的缩放比例设置为33%，如图8-7所示。

（5）返回主场景，在"属性"面板中设置按钮元件实例的名称为"bt1"，如图8-8所示。

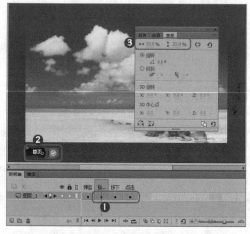

图8-7　制作按钮元件

图8-8　设置实例名称

（6）使用相同的方法制作"上一页""下一页"和"尾页"按钮元件，并设置实例名称分别为"bt2""bt3"和"bt4"。

微课视频

输入脚本程序代码

（二）输入脚本程序代码

输入脚本程序代码，并进行测试，具体操作如下。

（1）新建一个图层，按【F9】键，打开"动作"面板，选择"全局"下的"脚本"选项，然后输入以下代码。

```
01   var flag=true; //设置一个标志
```

（2）选择图层3的第1帧，然后在"动作"面板中输入以下代码。

```
01    if (flag == true) { //如果flag为true, 则执行
02        this.bt1.addEventListener("click", bt1Click.bind(this)); //为"首页"按钮添加click事件
03        this.bt2.addEventListener("click", bt2Click.bind(this)); //为"上一页"按钮添加click事件
04        this.bt3.addEventListener("click", bt3Click.bind(this)); //为"下一页"按钮添加click事件
05        this.bt4.addEventListener("click", bt4Click.bind(this)); //为"尾页"按钮添加click事件
06        this.bt1.visible = false; // 隐藏bt1按钮
07        this.bt2.visible = false; // 隐藏bt2按钮
08        flag = false; //将flag设置为false, 使这段代码只执行一次
09    }
10    this.stop(); //暂停播放
11    var _this = this; //定义一个变量指向this, 以方便函数内部访问
12    function gotoFrame(frame) { //定义gotoFrame函数
13        _this.bt1.visible = true; //显示"首页"按钮
14        _this.bt2.visible = true; //显示"上一页"按钮
15        _this.bt3.visible = true; //显示"下一页"按钮
16        _this.bt4.visible = true; //显示"尾页"按钮
17        if (frame == 0) { //如果是第1帧, 则隐藏"首页"和"上一页"按钮
18            _this.bt1.visible = false;
19            _this.bt2.visible = false;
20        } else if (frame == 7) { //如果是第8帧, 则隐藏"下一页"和"尾页"按钮
21            _this.bt3.visible = false;
22            _this.bt4.visible = false;
23        }
24        _this.gotoAndStop(frame); //跳转到指定的帧并暂停
25    }
26    function bt1Click() {//单击"首页"按钮将执行
27        gotoFrame(0); //跳转到第1帧
28    }
29    function bt2Click() {//单击"上一页"按钮将执行
30        gotoFrame(this.currentFrame – 1); //跳转到上1帧
31    }
32    function bt3Click() {//单击"下一页"按钮将执行
33        gotoFrame(this.currentFrame + 1); //跳转到下1帧
34    }
35    function bt4Click() {//单击"尾页"按钮将执行
36        gotoFrame(7); //跳转到第8帧
37    }
```

159

> 知识
> 提示
>
> **this 解释**
>
> this 在 JavaScript 中代表的是当前对象，在 Animate 的帧脚本中要访问一个元件实例，使用 "this. 实例名称" 即可。但是函数内部的 this 与外部的 this 不是同一个对象，因此在一个函数内部要访问元件实例，就需要在函数外部定义一个变量（通常使用 that 或 _this）并指向 this，然后在函数内部通过 "that. 实例名称" 或 "_this. 实例名称" 进行访问。
>
> 在为实例添加事件时，可以通过 .bind(this)，将外部的 this 绑定到事件函数上，这样在事件函数内部也可以直接是 this，但是普通的函数不行。

（3）按【Ctrl+Enter】组合键进行测试，可以看到在第1帧时，"首页"按钮和"上一页"按钮没有显示，如图8-9所示。

（4）单击"下一页"按钮显示下一张图片，此时4个按钮都显示出来了，如图8-10所示。

图8-9　测试第1帧

图8-10　跳转到下一页

（5）单击"尾页"按钮显示最后一张图片，"下一页"按钮和"尾页"按钮被隐藏，如图8-11所示。

（6）单击"上一页"按钮显示上一张图片，"下一页"按钮和"尾页"按钮又显示出来了，如图8-12所示。再次单击"首页"按钮跳转到第1张图片，所有功能正常。

图8-11　跳转到尾页

图8-12　跳转到上一页

（7）将文件保存为"动态风光相册.fla"，完成本任务的操作。

任务二 制作"电子时钟"动画

老洪说脚本可以实现的功能非常多，于是又通过一个"电子时钟"动画来教米拉JavaScript的时间函数及在动画中显示动态文本的方法。

一、任务目标

制作"电子时钟"动画，要求实时显示系统的日期和时间。通过本任务的学习，可以掌握JavaScript的时间函数及在动画中显示动态文本的方法。本任务完成后的效果如图8-13所示。

 效果所在位置 效果文件\项目八\任务二\电子时钟.fla

微课视频

效果预览

图8-13 电子时钟动画

二、相关知识

制作本任务的过程中用到了处理时间和日期、显示动态文本等知识。

（一）处理时间和日期

在JavaScript中处理时间和日期需要使用Date对象。首先通过Date对象的构造函数创建一个Date对象，默认时间为系统当前时间，然后通过Date对象中的方法来获取各时间单位的值。

1. 创建Date对象

使用Date对象的构造函数可以创建Date对象，其表达式如下。

```
01   var now = new Date();
```

2. 获取时间单位值

Date对象中常用的方法如下。

- **getFullYear方法**：返回年份数据。
- **getMonth方法**：返回月份数据，分别以0~11表示一月到十二月。
- **getDate方法**：返回一月中的某一天，范围为1~31。
- **getDay方法**：返回一周中的某一天，范围为0~6，其中 0 表示星期日。
- **getHours方法**：返回小时数据，范围为0~23。
- **getMinutes方法**：返回分钟数据，范围为0~59。
- **getSeconds方法**：返回秒数据，范围为0~59。

（二）显示动态文本

要在舞台中显示动态文本，首先需要在舞台中绘制一个文本框，在"属性"面板中将文本类型设置为"动态文本"，并设置名称，如图8-14所示。然后在帧脚本中设置动态文本的text

属性，即可显示所需的文本。例如，在year动态文本框中显示"2020年"文本，代码如下。

```
01   this.year.text="2020年";
```

图8-14　设置显示动态文本

动态文本框实际上是CreateJS的Text对象，在帧脚本中可以直接创建Text对象并将其添加到舞台中，代码如下。

```
01   var text1 = new createjs.Text(); //创建Text对象
02   text1.x = 200; //设置x坐标位置
03   text1.y = 100; //设置y坐标位置
04   text1.color = "#ff7700"; //设置字体颜色
05   text1.font = "20px Arial"; //设置字体大小和字体
06   text1.text = "Hello Animate"; //设置文本内容
07   this.addChild(text1); //添加到舞台中
```

三、任务实施

（一）绘制动态文本框

在舞台中绘制多个动态文本框，并设置格式和名称，具体操作如下。

（1）启动Animate CC 2018，新建一个550像素×200像素的HTML5 Canvas动画文件，将"图层1"重命名为"背景"。使用基本矩形工具绘制一个矩形，设置笔触颜色为"#33CC00"，填充颜色为"#339900"，笔触为"5.00"，圆角半径为"20.00"，如图8-15所示。

微课视频

绘制动态文本框

（2）新建一个图层并将其重命名为"文本"，使用文本工具在舞台左上角绘制一个文本框，输入"0000年"文本，设置文本的"系列、大小和颜色"分别为"华文琥珀、32.0磅、#FFFFFF"，对齐方式为"居中对齐"。将文本类型设置为"动态文本"，并设置名称为"year"，如图8-16所示。

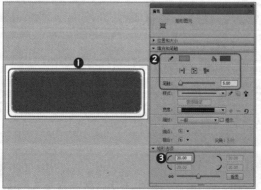

图8-15　绘制圆角矩形

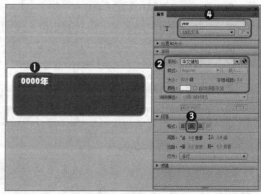

图8-16　创建动态文本

（3）使用相同的方法创建"month""date"和"day"动态文本，如图8-17所示。

（4）在舞台中间绘制两个动态文本框，设置字体大小为"120磅"，名称分别为"hh"和"mm"，在舞台右下角绘制一个动态文本框，设置字体大小为"45磅"，名称为"ss"，如图8-18所示。

图8-17　创建其他动态文本1

图8-18　创建其他动态文本2

（5）使用基本矩形工具 📰 在舞台中绘制两个小正方形，设置笔触为无，填充颜色为"#CC6600"，然后将其转换为影片剪辑元件。双击进入其编辑界面，在第13帧处按【F7】键插入空白关键帧，在第24帧处按【F5】键插入帧，如图8-19所示。

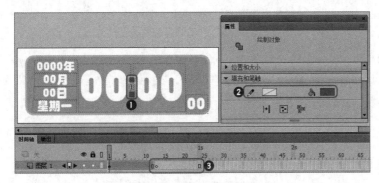

图8-19　编辑影片剪辑元件

（二）输入脚本程序代码

输入脚本程序代码，并进行测试，具体操作如下。

（1）返回主场景，新建一个图层并将其重命名为"脚本"，按【F9】键打开"动作"面板，在其中输入以下代码。

微课视频

输入脚本程序代码

```
01   var time = new Date();
02   var year = time.getFullYear();
03   var month = time.getMonth() + 1;
04   var date = time.getDate();
05   var hh = time.getHours();
06   var mm = time.getMinutes();
07   var ss = time.getSeconds();
08   var day = time.getDay();
09   this.year.text = year + "年";
10   this.month.text = month + " 月";
11   this.date.text = date + " 日";
12   this.hh.text = (hh < 10) ? "0" + hh : hh;
13   this.mm.text = (mm < 10) ? "0" + mm : mm;
```

```
14    this.ss.text = (ss < 10) ? "0" + ss : ss;
15    this.day.text = "星期" + "日一二三四五六".charAt(day);
```

知识提示

条件运算符"?:"

　　条件运算符"?:"相当于一个 if else 语句，其语法结构为：表达式 1? 表达式 2: 表达式 3。

　　当表达式 1 的值为 true 时，返回表达式 2 的值，否则返回表达式 3 的值，第 13 ~ 15 行中条件运算符的作用为：当数值小于 10 时，在数值前添加一个"0"，使数值以两位显示。

知识提示

charAt 函数

　　charAt 函数是一个字符串函数，用于返回字符串中指定位置的字符，第 16 行中的 "" 日一二三四五六 ".charAt(day)" 代码就是利用 charAt 函数将星期数据（0 ~ 6）转换为对应的中文。例如，当 day 的值为 0 时，返回 " 日一二三四五六 " 中的第 1 字符"日"，当 day 的值为 5 时，返回 " 日一二三四五六 " 中的第 6 个字符"五"（JavaScript 中数组、字符串等的编号都是从 0 开始的）。

（2）按【Ctrl+Enter】组合键进行测试，所有数据显示正常，但是数据不会自动变化，只有刷新网页时，数据才会变化。这是因为帧脚本只有在进入该帧时才会运行，当动画只有一帧时，将一直停留在该帧，不会再次进入，所以帧脚本只会运行一次。

（3）在时间轴中选择所有图层的第 2 帧，按【F5】键插入帧，如图 8-20 所示，再次按【Ctrl+Enter】组合键进行测试，这时时间数据是自动变化的。

（4）将文件保存为"电子时钟.fla"，完成本任务的操作。

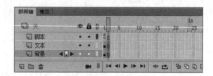

图 8-20　添加帧

任务三　制作"雪花飞舞"动画

　　米拉要制作一个雪花飞舞的动画，需要在舞台中添加大量的雪花元件，制作起来非常麻烦。老洪告诉米拉，可以通过脚本在舞台中添加雪花元件，并通过随机函数控制雪花元件的位置和大小等属性。

一、任务目标

　　制作"雪花飞舞"动画，通过脚本在舞台中添加雪花元件。通过本任务的学习，可以掌握随机函数及通过脚本在舞台中添加元件的方法。本任务完成后的效果如图 8-21 所示。

素材所在位置　素材文件\项目八\任务三\背景.png、雪花.png
效果所在位置　效果文件\项目八\任务三\雪花飞舞.fla

微课视频

效果预览

图8-21　雪花飞舞动画

二、相关知识

制作本例的过程中用到了随机函数、用脚本设置影片剪辑属性、用脚本从库中创建对象等知识，下面分别进行介绍。

（一）随机函数

当动画需要产生一些随机效果时，可以使用随机函数来实现。JavaScript中的随机函数是Math.random()，其常用方法如下。

● **产生0～1的小数**：输入以下代码将生成一个0（包含）～1（不包含）的小数。

```
01   var num=Math.random();
```

● **产生0～n的数**：例如，产生一个0（包含）～10（不包含）的数，输入以下代码即可。

```
01   var num=Math.random()*10;
```

● **产生0～n的整数**：例如，产生一个0～10（都包含）的整数，输入以下代码即可。

```
01   var num=Math.floor(Math.random()*(10+1));
```

● **产生m～n的整数**：例如，产生一个5～10（都包含）的整数，输入以下代码即可。

```
01   var num=Math.floor(Math.random()*(10-5+1))+5;
```

> **知识提示**
>
> ### Math.floor 函数
>
> Math.floor(n) 函数是 JavaScript 中的取整函数，返回小于等于n的最大整数。例如，Math.floor(11.5) 的值为 11；Math.floor(11) 的值为 11；Math.floor(-11.5) 的值为 -12。

（二）设置影片剪辑属性

影片剪辑是CreateJS中的MovieClip对象，在帧脚本中可以通过"this.影片剪辑实例名称"访问舞台中的影片剪辑，其常用的属性如下。

- **x属性**：设置影片剪辑的*x*坐标。
- **y属性**：设置影片剪辑的*y*坐标。
- **alpha属性**：设置影片剪辑的透明度。
- **rotation属性**：设置影片剪辑的旋转角度。
- **scaleX**：设置影片剪辑的水平缩放，其值大于0小于1时，缩小，大于1时则放大。
- **scaleY**：设置影片剪辑的垂直缩放，其值大于0小于1时，缩小，大于1时则放大。
- **visible**：设置影片剪辑是否可见。

（三）使用脚本从库中创建对象

使用脚本可以从库中创建对象，并将其添加到实例中，首先在"库"面板中为要添加到舞台中的对象设置一个链接名称，如图8-22所示，然后在帧脚本中通过"new lib.链接名称()"创建一个对象，最后将其添加到舞台中即可，具体代码如下。

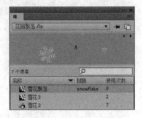

图8-22　设置链接名称

```
01  var snowflake1 = new lib.snowflake();  //创建snowflake对象
02  this.addChild(snowflake1);  //添加到舞台中
```

三、任务实施

（一）制作雪花飘落影片剪辑元件

在舞台中绘制多个动态文本框，设置格式和名称，具体操作如下。

微课视频

制作雪花飘落
影片剪辑元件

（1）启动Animate CC 2018，新建一个550像素×400像素、背景颜色为"#00CC66"的HTML5 Canvas动画文件。将"背景.png"图像文件导入舞台，并调整其大小与舞台一致。

（2）新建一个"雪花飘落"影片剪辑元件，在其中导入"雪花.png"图像，然后复制两个雪花图像，并分别调整大小和旋转角度，如图8-23所示。

（3）在第120帧处插入关键帧，创建传统补间动画，在"属性"面板中设置"旋转"属性为顺时针旋转1次，如图8-24所示。

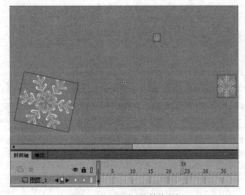

图8-23　添加雪花实例

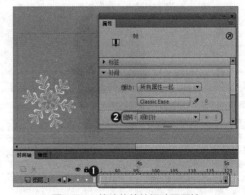

图8-24　修改传统补间动画属性

（4）选择第1帧中的雪花图像，在"属性"面板中设置其"X、Y、宽和高"分别为"0.00、0.00、100.00、50.00"，如图8-25所示。

（5）选择第120帧中的雪花图像，在"属性"面板中设置其"X、Y、宽和高"分别为

"0.00、300.00、100.00、50.00"，如图8-26所示。

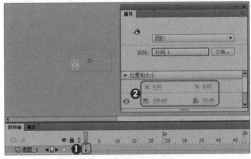

图8-25 设置第1帧的属性

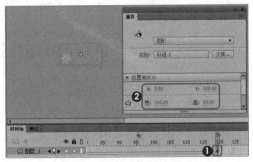

图8-26 设置第120帧的属性

（6）在"属性"面板中的"雪花飘落"元件的"链接"栏中双击，然后输入元件的链接名称"snowflake"，如图8-27所示。

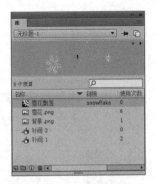

图8-27 输入元件的链接名称

（二）输入脚本程序代码

输入脚本程序代码，并进行测试，具体操作如下。

微课视频

输入脚本程序代码

（1）返回主场景，新建一个图层，按【F9】键打开"动作"面板，在全局脚本中输入以下代码。

```
01   var max=120; //雪花数量
02   var index=0; //计数变量
```

（2）选择第1帧，在"动作"面板中输入以下代码。

```
03   index++; //计数加1
04   if (index <= max) { //这段代码将运行max次，共产生max个雪花
05       posX = 550 * Math.random(); //产生一个0～550的随机数
06       posY = 200 * Math.random() − 100; //产生一个−100～100的随机数
07       scale = 0.8 * Math.random() + 0.2; //产生一个0.2～1的随机数
08       var snowflake = new lib.snowflake(); //创建snowflake对象
09       snowflake.x = posX; //设置x坐标
10       snowflake.y = posY; //设置y坐标
11       snowflake.scaleX = scale; //设置水平缩放
```

12	snowflake.scaleY = scale; //设置垂直缩放
13	this.addChild(snowflake); //添加到舞台中
14	}

（3）在时间轴中选择所有图层的第2帧，按【F5】键插入帧，再按【Ctrl+Enter】组合键进行
测试。

（4）将文件保存为"雪花飞舞.fla"，完成本任务的操作。

任务四　制作问卷调查表

米拉需要制作一个问卷调查表，不知道该如何在其中添加文本输入框、下拉列表框等
表单内容。老洪告诉她，表单内容都可以通过组件来添加，然后通过脚本获取用户输入的
内容。

一、任务目标

练习制作问卷调查表，制作时主要涉及创建组件并设置组件属性等知识。通过本任务的
学习，可以掌握利用组件制作动画的方法。本任务完成后的效果如图8-28所示。

素材所在位置　素材文件\项目八\任务四\bg.jpg、tx.jpg
效果所在位置　效果文件\项目八\任务四\问卷调查表.fla

图8-28　问卷调查表

二、相关知识

制作本任务，需用到组件的类型、组件的操作、常用组件的使用、调试脚本程序等知
识，下面分别对其进行介绍。

（一）组件的类型

在HTML5 Canvas中，Animate的组件有JQuery UI、用户界面和视频3大类。其作用分别
如下。

● **JQuery UI组件：**JQuery的UI组件包括RadioSet和DatePicker两个组件。
● **用户界面组件：**主要用于设置用户交互界面，并通过交互界面使用户与应用程序
进行交互操作，包括Button、CheckBox、ComboBox、CSS、Image、Label、List、
NumericStepper、RadioButton、TextInput 10个组件。

● **视频组件**：只有一个用于播放视频的Video组件。

（二）组件的操作

组件的操作主要包括添加组件、删除组件和设置组件参数等，下面分别进行介绍。

1. **添加组件**

选择【窗口】/【组件】菜单命令打开"组件"面板，双击要添加的组件或将其拖动到舞台中，都可以添加组件，同时在"库"面板中也会增加该组件及其关联的资源，如图8-29所示。要再次使用相同的组件，可以直接从"库"面板中添加。

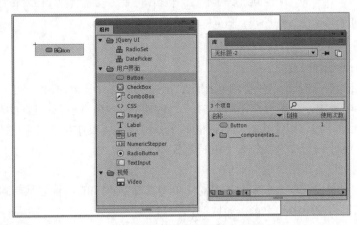

图8-29　添加组件

2. **删除组件**

若要从舞台中删除一个组件，只需选择该组件，然后按【Delete】键删除即可。若要从Animate文档中删除该组件，则必须从库中删除该组件及其相关联的资源。

3. **设置组件参数**

每个组件都带有参数，设置这些参数可以更改组件的外观和行为，选择【窗口】/【组件参数】或单击"属性"面板中的"显示参数"按钮打开"组件参数"对话框，在其中可以设置组件的相关参数。

（三）常用组件的使用

下面介绍Button、RadioButton、CheckBox、ComboBox、NumericStepper和TextInput组件的使用方法。

1. **Button组件**

Button组件用于显示一个按钮。在舞台中添加Button组件后，需要在"属性"面板中设置Button组件的实例名称，在"组件参数"面板中通过"标签"参数设置按钮上显示的文本内容，如图8-30所示。

图8-30　设置实例名称和标签

在脚本中通常需要捕获按钮的单击事件，并执行相应的操作，Button组件单击事件的处理代码如下。

```
01   if(!this.实例名称_click_cbk) {
02       function 实例名称_click(evt) {
03           // 函数代码
04       }
05       $("#dom_overlay_container").on("click", "#实例名称", 实例名称_click.bind(this));
06       this.实例名称_click_cbk = true;
07   }
```

2. RadioButton组件

RadioButton组件用于显示一个单选按钮，通常会将多个RadioButton组件组成一个单选按钮组，单击选中其中一个单选按钮后，同一个组中的其他单选按钮将自动取消选中状态。

RadioButton组件的"组件参数"对话框如图8-31所示，其中主要参数的作用如下。

● **标签：**用于设置单选按钮显示的标签文本。

● **值：**用于设置选中后返回的值。

● **名称：**用于设置单选按钮组的名称，同一组单选按钮的名称必须相同。

获取单选按钮组中选中的单选按钮值的代码如下。

```
01   var temp = $("input[name='单选按钮组名称']:checked").val();
```

3. CheckBox组件

CheckBox组件用于显示一个复选框，在使用时需要先在"属性"面板中设置实例名称，在"组件参数"面板中进行相应设置，如图8-32所示，然后可以通过脚本判断该复选框是否被选中，如果选中，则获取复选框的值，代码如下。

```
01   var temp = "";
02   if ($("#实例名称").prop("checked")) {
03       temp = $("#实例名称").val();
04   }
```

图8-31　RadioButton组件参数

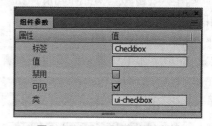

图8-32　CheckBox组件参数

4. ComboBox组件

ComboBox组件用于显示一个下拉列表框，在使用时需要先在"属性"面板中设置实例名称，在"组件参数"面板中进行相应设置，如图8-33所示。单击"项目"后的 ✏ 按钮，打开"值"对话框，如图8-34所示，在其中单击 ➕ 按钮可以为下拉列表框添加选项，其中"label"为选项显示的文本，"data"为选项返回的值。

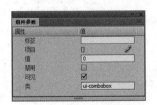

图8-33　ComboBox组件参数

图8-34　"值"对话框

通过以下代码可以获取下拉列表框中选择的选项的值。

```
01    var temp = $("#实例名称").val();
```

5. NumericStepper组件

NumericStepper组件用于显示一个数值框，在使用时需要先在"属性"面板中设置实例名称，"组件参数"面板中的"值""最大""最小"参数分别用于设置数值框中的默认值、最大值和最小值，如图8-35所示。通过以下代码可以获取数值框中的值。

```
01    var temp = $("#实例名称").val();
```

6. TextInput组件

TextInput组件用于显示一个文本输入框，在使用时需要先在"属性"面板中设置实例名称，在"组件参数"面板中进行相应设置，如图8-36所示。通过以下代码可以获取文本框中的值。

```
01    var temp = $("#实例名称").val();
```

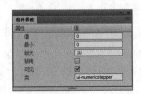

图8-35　NumericStepper组件参数

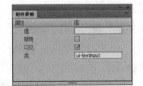

图8-36　TextInput组件参数

（四）调试脚本程序

在编写脚本程序时，难免会出现错误，这时就需要调试脚本程序，由于HTML5 Canvas动画最终发布的是网页文件，所以调试脚本程序都是在网页浏览器中进行的。不同浏览器的界面会有少许差别，但操作方法基本相同，下面将以火狐浏览器为例介绍如何调试脚本程序。

1. 输出变量值

在调试脚本程序时，经常需要了解运行过程中变量的值是否正确，这只需在需要输出变量值的位置添加以下代码即可。

```
01    console.log(要输出的内容);
```

在Animate中按【Ctrl+Enter】组合键，在浏览器中打开并播放动画，按【F12】键将打开"开发人员工具"界面，选择"控制台"选项卡，当脚本运行到console.log()语句时，会在其中以白底纹显示输出的内容，如图8-37所示。单击右侧的代码位置链接，将打开"调试器"选项卡，并高亮显示对应的语句，如图8-38所示。

图8-37 "控制台"选项卡

图8-38 "调试器"选项卡

2. 查看代码错误信息

脚本程序运行时，如果出现错误就会在"控制台"选项卡中以红色底纹显示错误信息，如图8-39所示。单击右侧的代码位置链接，将打开"调试器"选项卡，并高亮显示对应的语句，如图8-40所示。

图8-39 "控制台"选项卡

图8-40 "调试器"选项卡

3. 设置断点

有时程序的代码运行没有错误，但运行的结果不正确，即程序有逻辑错误。这时需要为脚本程序设置断点，当脚本程序运行到断点时，暂停运行，然后单步运行程序，并查看各个变量的值。

在"调试器"选项卡的左侧选择要设置断点的文件，在右侧找到要添加断点的语句，然后单击该语句的行号，为该语句设置断点，如图8-41所示。

当程序运行到断点处时，自动暂停运行，将鼠标指针移动到一个变量上时，显示该变量当前的值，如图8-42所示。

图8-41 设置断点

图8-42 显示变量当前的值

脚本所处的位置

全局脚本在"动画文件名 .html"文件的"// Global Scripts"注释后。帧脚本在"动画文件名 .js"文件的"// timeline functions:"注释后，其中第 1 帧的脚本为"this.frame_0"函数，第 2 帧的脚本为"this.frame_1"函数，其他的脚本以此类推。

"调试器"选项卡左下角4个按钮的作用如下。

● **"点击恢复"按钮** ▷：继续运行程序，直到下一个断点。
● **"跨越"按钮** ↶：运行暂停的语句并在下一语句处暂停。
● **"步进"按钮** ↳：进入下一个函数内部并一句一句运行。
● **"步出"按钮** ↱：进入上一个函数内部并一句一句运行。

三、任务实施

（一）输入文本并添加组件

制作问卷调查表，需要首先添加调查表的文本内容，再添加各种组件，具体操作如下。

微课视频

输入文本并添加组件

（1）启动Animate CC 2018，新建一个300像素×400像素的HTML5 Canvas动画文件。

（2）将文件保存为"问卷调查表.fla"，然后将"bg.jpg"图像文件导入舞台，调整其大小与舞台一致。

（3）使用文本工具 T 在舞台上方输入"个人信息登记"文本，设置"系列、大小和颜色"分别为"华文行楷、32.0磅、#333333"，如图8-43所示。

（4）使用文本工具 T 再次输入"姓名："文本，设置"系列、大小和颜色"分别为"宋体楷、22.0磅、#660000"。使用相同的方法输入并设置"性别：""出生口期：""电话号码：""头像："文本，如图8-44所示。

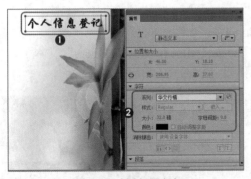

图8-43 创建标题文本

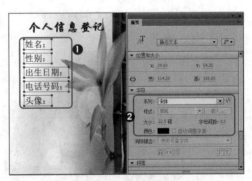

图8-44 创建其他文本

（5）选择【窗口】/【组件】菜单命令打开"组件"面板，将"用户界面"下的"TextInput"组件拖动到"姓名："文本后面，在"属性"面板中设置实例名称为"xm"，如图8-45所示。

（6）在"组件"面板中将"用户界面"下的"ComboBox"组件拖动到"性别："文本后面，在"属性"面板中设置实例名称为"xb"，如图8-46所示。

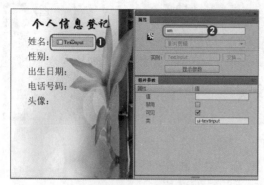

图8-45　添加TextInput组件

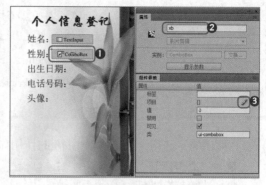

图8-46　添加ComboBox组件

（7）在"组件参数"面板中单击"项目"后的 ✎ 按钮，打开"值"对话框，在其中添加两个选项，设置第1个选项的"label"和"data"都为"男"，设置第2个选项的"label"和"data"都为"女"，单击"确定"按钮，如图8-47所示。

（8）在"组件"面板中将"jQuery UI"下的"DatePicker"组件拖动到"出生日期："文本后，在"属性"面板中设置实例名称为"rq"，如图8-48所示。

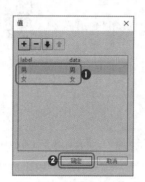

图8-47　"值"对话框

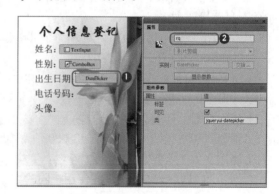

图8-48　添加DatePicker组件

（9）在"组件"面板中将"用户界面"下的"TextInput"组件拖动到"电话号码："文本后，在"属性"面板中设置实例名称为"dhhm"，如图8-49所示。

（10）在"组件"面板中将"用户界面"下的"Image"组件拖动到"头像："文本下，在"组件参数"面板中单击"来源"后的 ✎ 按钮，如图8-50所示。

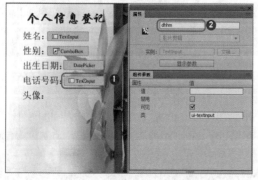

图8-49　添加TextInput组件

图8-50　添加Image组件

（11）打开"内容路径"对话框，在其中选择"tx.jpg"文件作为Image组件的图像内容，单击"确定"按钮，如图8-51所示。

（12）在"组件"面板中将"用户界面"下的"Button"组件拖动到Image组件下，在"属性"面板中设置实例名称为"submit"，在"组件参数"面板中设置标签为"提交"，如图8-52所示。

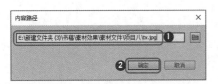

图8-51　"内容路径"对话框

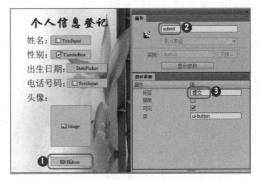

图8-52　添加Button组件

（13）选择第2帧，按【F6】键插入关键帧，删除除标题文本、Button组件和背景图片以外的所有内容，然后修改Button组件的实例名称为"back"，标签为"返回"，如图8-53所示。

（14）使用文本工具 T 绘制一个文本框，设置类型为"动态文本"，实例名称为"msg"，设置"系列、大小和颜色"分别为"黑体、15.0磅、黑色"，如图8-54所示。

图8-53　修改Button组件

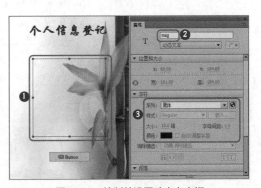

图8-54　绘制并设置动态文本框

（二）输入脚本程序代码

输入脚本程序代码，并进行测试，具体操作如下。

（1）返回主场景，新建一个图层，按【F9】键打开"动作"面板，选择第1帧，然后输入以下代码。

```
01    var temp = "";
02    this.stop();
03    if (!this.submit_click_cbk) {
04        function submit_click(evt) {
05            temp = "姓名: " + $("#xm").val();
```

微课视频

输入脚本程序代码

06	temp += "\r性别:" + $("#xb").val();
07	temp += "\r出生年份：" + $("#rq").val();
08	temp += "\r电话号码：" + $("#dhhm").val();
09	this.gotoAndStop(1);
10	}
11	$("#dom_overlay_container").on("click", "#submit", submit_click.bind(this));
12	this.submit_click_cbk = true;
13	}

（2）选择第2帧，按【F6】键插入关键帧，然后在"动作"面板中输入以下代码。

01	this.msg.text=temp;
02	this.stop();
03	if (!this.back_click_cbk) {
04	function back_click(evt) {
05	this.gotoAndStop(0);
06	}
07	$("#dom_overlay_container").on("click", "#back", back_click.bind(this));
08	this.back_click_cbk = true;
09	}

（3）在时间轴中选择所有图层的第2帧，按【F5】键插入帧，然后按【Ctrl+Enter】组合键进行测试。在数据输入完后，单击"提交"按钮无反应。按【F12】键打开"开发人员工具"面板，选择"控制台"选项卡，发现有一个"temp is not defined"（temp未定义）错误，如图8-55所示。

（4）单击右侧的链接查看错误具体位置，发现是第2帧中的代码有错误，如图8-56所示。

图8-55　发现错误

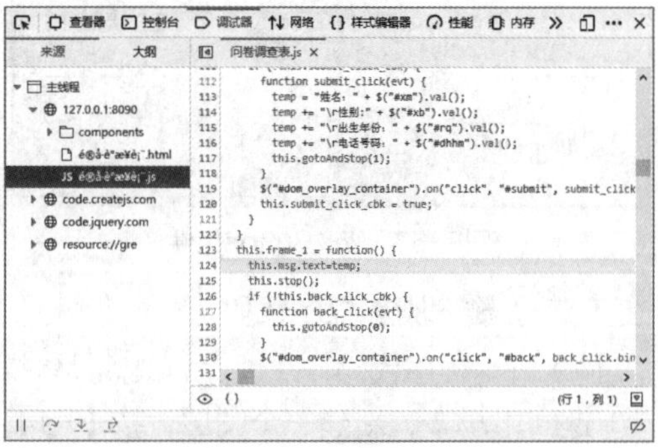

图8-56　查看错误具体位置

（5）temp是在第1帧中定义的，在第2帧中出现"temp is not defined"错误，说明在第2帧中不能访问第1帧中的变量，需要将temp设置为全局变量。将第1帧的第1行代码"var temp = "";"剪切，然后粘贴到全局脚本中。

（6）再次按【Ctrl+Enter】组合键进行测试，运行完全正常。

（7）按【Ctrl+S】组合键保存文件，完成本任务的操作。

实训一 制作交互式滚动广告

【实训要求】

制作一个交互式滚动广告，要求动画中的图片根据鼠标指针的位置自动改变滚动的方向和速度，当鼠标指针位于画面左侧时，向左滚动，位于画面右侧时，向右滚动；鼠标指针越靠近左右两侧边缘，滚动速度越快，越靠近画面中间，滚动速度越慢。本实训的参考效果如图8-57所示。

图8-57 交互式滚动广告

素材所在位置 素材文件\项目八\实训一\1.png~5.png
效果所在位置 效果文件\项目八\实训一\交互式滚动广告.fla

【步骤提示】

（1）新建一个尺寸为600像素×160像素的HTML5 Canvas动画文件。

（2）新建一个"图片"影片剪辑元件，在其中绘制一个1 190像素×160像素的黑色矩形。

（3）新建一个图层，导入1.png~5.png图像文件，将图像大小都调整为320像素×144像素，并依次排列在黑色矩形中，每张图片之间间隔8像素，图片距黑色矩形边框8像素。

（4）返回主场景，添加两个"图片"影片剪辑元件到舞台中，分别设置实例名称为"a"和"b"。

（5）将a实例的坐标设置为"0,0"，将b实例的坐标设置为"-1190,0"。

（6）新建一个图层，选择第1帧，按【F9】键打开"动作"面板，在其中输入以下代码。

```
01   var v = (stage.mouseX - 300) / 10;
02   this.a.x = this.a.x + v;
03   this.b.x = this.b.x + v;
04   if (this.a.x > 600) {
05       this.a.x = this.b.x - 1190;
06   }
07   if (this.b.x > 600) {
08       this.b.x = this.a.x - 1190;
09   }
10   if (this.a.x < 0) {
11       this.b.x = this.a.x + 1190;
```

```
12    }
13    if (this.b.x < 0) {
14        this.a.x = this.b.x + 1190;
15    }
```

（7）在时间轴中选择所有图层的第2帧，按【F5】键插入帧。

（8）将文件保存为"交互式滚动广告.fla"，完成本实训的操作。

实训二 制作"钟表"动画

【实训要求】

制作一个"钟表"动画，钟表中的时针、分针和秒针会跟随系统时间的变化自动转动，完成后的最终效果如图8-58所示。

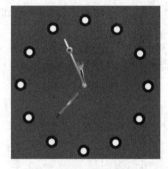

图8-58 钟表动画效果

效果所在位置 效果文件\项目八\实训二\钟表.fla

【步骤提示】

（1）新建一个尺寸为320像素×320像素、背景颜色为"#3399FF"的HTML5 Canvas动画文件。

（2）在舞台中绘制一个直径为20像素的小圆，设置笔触为8，笔触颜色为"#336600"，填充颜色为白色。将绘制的小圆复制11个，并排列成钟表的时间刻度。

（3）创建"时针""分针"和"秒针"3个影片剪辑元件，并在其中绘制相应的图形。

（4）将"时针"影片剪辑元件添加到舞台中，使用任意变形工具 将旋转中心调整到时针图形的底部，然后使用选择工具 调整实例的位置，使旋转中心对齐画面中心。

（5）使用相同的方法将"分针"和"秒针"影片剪辑元件添加到舞台中。设置"时针""分针"和"秒针"的实例名称分别为"hour""minute""second"。

（6）新建一个"帧轴"图形元件，并绘制相应的图形，然后将其添加到舞台中心位置。

（7）新建一个图层，选择第1帧，按【F9】键打开"动作"面板，在其中输入以下代码。

```
01    var time = new Date();
02    var hours = time.getHours();
03    var minutes = time.getMinutes();
```

```
04   var seconds = time.getSeconds();

05   this.hour.rotation=hours*30+minutes/2;

06   this.minute.rotation=minutes*6+seconds/10;

07   this.second.rotation=seconds*6;
```

（8）在"时间轴"面板中选择所有图层的第2帧，按【F5】键插入帧。

（9）将文件保存为"钟表.fla"，完成本实训的操作。

实训三　制作美食问卷调查表

【实训要求】

制作美食问卷调查表，通过组件收集用户输入的数据并显示出来，完成后的最终效果如图8-59所示。

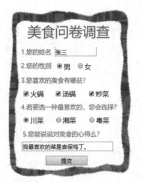

图8-59　美食问卷调查表

素材所在位置　素材文件\项目八\实训三\边框.png

效果所在位置　效果文件\项目八\实训三\美食问卷调查表.fla

【步骤提示】

（1）新建一个尺寸为300像素×400像素的HTML5 Canvas动画文件。

（2）将"图层1"重命名为"背景"，并导入"边框.png"图像。

（3）新建一个图层并将其重命名为"文本"，在其中输入标题文本和各问题的相关文本，再设置相应的格式。

（4）新建一个图层并将其重命名为"组件"，在其中添加所需的组件，并设置相应的实例名称和参数，注意各组件实例名称及RadioButton组件的"名称"参数要与脚本代码中的一致。

制作美食问卷调查表

（5）在第2帧处插入关键帧，删除除标题、Button组件和背景以外的所有内容，修改Button组件的实例名称和标签。然后绘制一个动态文本框，并设置实例名称。

（6）在全局脚本中输入以下代码。

```
01   var temp="";
```

（7）新建一个图层并将其重命名为"脚本"，选择第1帧，在"动作"面板中输入以下代码。

```
01   this.stop();
02   if (!this.submit_click_cbk) {
03       function submit_click(evt) {
04           temp = "姓名：" + $("#mz").val();
05           temp += "\r性别:" + $("input[name='sex']:checked").val();
06           temp +=  "\r喜欢的美食：";
07           temp += ($("#a1").prop("checked"))?$("#a1").val()+" ":"";
08           temp += ($("#a2").prop("checked"))?$("#a2").val()+" ":"";
09           temp += ($("#a3").prop("checked"))?$("#a3").val()+" ":"";
10           temp +=  "\r最喜欢的类型：" + $("input[name='kinds']:checked").val();
11           temp += "\r心得：" + $("#xd").val();
12           this.gotoAndStop(1);
13       }
14       $("#dom_overlay_container").on("click", "#submit", submit_click.bind(this));
15       this.submit_click_cbk = true;
16   }
```

（8）选择第2帧，在"动作"面板中输入以下代码。

```
01   this.jieguo.text=temp;
02   if (!this.backt_click_cbk) {
03       function back_click(evt) {
04           this.gotoAndStop(0);
05       }
06       $("#dom_overlay_container").on("click", "#back", back_click.bind(this));
07       this.back_click_cbk = true;
08   }
```

（9）在"时间轴"面板中选择所有图层的第2帧，按【F5】键插入帧。
（10）将文件保存为"美食问卷调查表.fla"，完成本实训的操作。

课后练习

（1）制作一个小提琴独奏动画，导入"小提琴.png"和"琴弓.png"图像，使用传统补间动画制作拉动琴弓的效果，将"琴音.mp3"文件导入舞台并播放一次，在动画结束位置插入关键帧并利用"按钮图.png"制作一个按钮元件，在最后一帧添加脚本实现单击按钮重新播放动画的效果。完成后的最终效果如图8-60所示。

素材所在位置　素材文件\项目八\课后练习\小提琴.png、琴弓.png、按钮图.png、琴音.mp3
效果所在位置　效果文件\项目八\课后练习\小提琴独奏.fla

微课视频
效果预览

图8-60 小提琴独奏

微课视频
效果预览

（2）制作一个产品问卷调查表单，使用"背景.png"素材文件作为背景，输入文本并添加相关的组件，利用脚本代码获取用户输入的数据，然后在第2帧中利用动态文本框将这些数据显示出来。完成后的最终效果如图8-61所示。

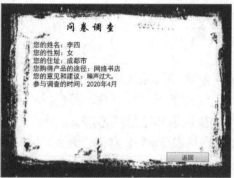

图8-61 产品问卷调查表单

素材所在位置 素材文件\项目八\课后练习\背景.png
效果所在位置 效果文件\项目八\课后练习\产品问卷调查.fla

技巧提升

问：为什么在"动作"面板中，按照书上的语句输入后，在检查语句时却出现错误？

答：出现这种情况通常有两个原因：一是在输入语句的过程中，输入了错误的字母或字母的大小写有误，使得Animate无法正确判断语句，对于这种情况，应仔细检查输入的语句，并对错误进行修改；二是输入的标点符号采用了中文格式，即输入了中文格式的分号、引号和括号等，在Animate中，脚本语句只能采用英文格式的标点符号，此时可将输入法设置为英文状态，重新输入标点符号即可。

问：怎样修改组件的外观？

答：使用CSS组件引入一个CSS样式文件，在该文件中可以为组件的类定义相应的CSS样式，如下面这段CSS代码可以将类"ui-button"的组件的字体设置为"微软雅黑"。

```
01   .ui-button{font-family:"微软雅黑";}
```

项目九

优化、发布与导出动画

情景导入

　　米拉将制作好的动画放在了网上，发现画面都在浏览器的左上角，有些动画的画面质量不是很好，有些动画的打开速度很慢，就问老洪是怎么回事。老洪告诉米拉，动画制作好之后还需要进行测试和优化，而且发布时也要做相应的设置，这样才能达到最佳效果。

学习目标

● 掌握测试和优化动画的方法。
　　包括测试动画、优化动画等。

● 掌握发布动画的方法。
　　包括发布设置、发布动画等。

● 掌握导出动画的方法。
　　包括导出图像、导出影片、导出视频、导出GIF动画等。

思政元素

传统文化　综合素养

案例展示

▲雪夜

▲恭贺新禧

任务一 测试和优化"雪夜"动画

老洪告诉米拉，测试动画贯穿整个动画的制作过程，应养成随时测试动画的习惯，而且在动画制作后期，还应该对动画进行优化，以便缩减动画文件的大小，利于动画快速加载。下面通过测试和优化"雪夜"动画讲解测试和优化动画的方法。

一、任务目标

优化"雪夜"动画，操作过程包括测试与优化动画，使动画更加完美、播放效果更加流畅。通过本任务的学习，可以掌握Animate动画的优化与测试方法。本任务制作完成后的最终效果如图9-1所示。

素材所在位置	素材文件\项目九\任务一\雪夜.fla、小狗1.png~小狗4.png
效果所在位置	效果文件\项目九\任务一\雪夜.fla

微课视频

效果预览

图9-1 "雪夜"动画效果

二、相关知识

本任务涉及测试动画、优化动画等方面的知识，下面先介绍这些相关知识。

（一）测试动画

动画制作完后，为了有效减小播放动画出错的概率，应先测试动画，从而确保动画的播放质量，确定动画是否达到预期的效果，并及时修改出现的错误。

选择【控制】/【测试】菜单命令或按【Ctrl+Enter】组合键，打开系统默认的浏览器，并播放要测试的动画。此时可以对以下内容进行测试。

1. 测试动画能否正常加载

如果在测试时，动画内容无法正常加载，则在浏览器中将不会显示任何内容。出现这种情况通常是因为脚本代码出现了严重错误，这时需要按【F12】键打开浏览器的"开发人员工具"面板，在"控制台"选项卡中查看具体的错误信息，如图9-2所示。

2. 查看警告信息

测试时，Animate的"输出"面板将显示一些警告信息，这些警告信息是动画中可能出现问题的内容，如图9-3所示。

图9-2　测试动画能否正常加载

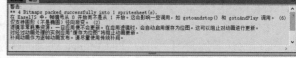

图9-3　查看警告信息

3. 测试整个动画过程

配合警告信息，观察整个动画过程是否符合预期要求，如果不符合，就需要分析产生问题的原因，并修改动画文档。

4. 测试加载速度

在"开发人员工具"面板的"网络"选项卡中可以查看动画的加载速度，如图9-4所示。在中间的表格中可以查看动画中每个文件的类型、大小及加载时间等信息。在下方的状态栏中可以查看整个动画文件的大小和完成加载所用的时间等信息。

图9-4　测试加载速度

由于此时动画文件是保存在本地硬盘中的，所以这个加载速度并不能真实反映用户浏览时的加载速度。单击右上角的"不节流"下拉按钮，在弹出的下拉菜单中选择一个选项，如选择"Good 3G"选项，然后按【F5】键刷新，即可模拟"Good 3G"网络状态下的加载速度，如图9-5所示。

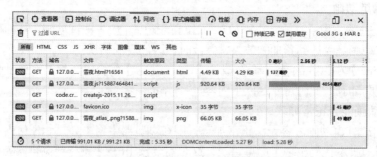

图9-5　测试"不节流"时的加载速度

（二）优化动画

想让导出的Animate动画能在网络中顺利、流畅地播放，就必须尽量优化动画文件的大小。Animate动画文件越大，其下载和播放速度就越慢，在播放时容易产生停顿的现象，从而影响动画的传播。因此动画制作完成后，除了测试动画，还需对动画进行优化，减小其文件的大小。在Animate中优化动画应从以下几个方面着手。

- **不要使用过于复杂的矢量图**：有些矢量图非常复杂，有许多线条和颜色，在测试和发布时会非常缓慢，甚至会使Animate无响应，发布后的动画在播放时也会出现非常缓慢的现象，需要将这种矢量图转换为位图。
- **不要使用过大的位图**：有些位图素材尺寸非常大，但在动画中所需的尺寸比较小，需要使用Photoshop等图像编辑软件将这种位图缩小到实际使用的大小。这样不仅可以减小发布后动画文件的大小，还可以增加图像的清晰度（图像文件以100%大小显示是最清晰的）。
- **使用元件**：将动画中相同的对象转换为元件，在需要使用时直接从库中调用，可以有效减小动画的数据量。
- **使用传统补间动画**：传统补间动画中的过渡帧是系统计算得到的，逐帧动画的过渡帧是通过用户添加对象得到的，传统补间动画的数据量相对于逐帧动画来说要小很多。另外，在HTML5 Canvas模式下，补间动画在发布时会被转换为逐帧动画，因此尽量使用传统补间动画，减少使用逐帧动画和补间动画。
- **使用MP3格式的音频文件**：MP3格式的音频文件比WAV格式的音频文件要小很多，虽然在发布时，Animate会自动将WAV格式的音频文件转换为MP3格式的音频文件，但Animate转换的音频文件有时会有问题，如声音变得很奇怪，因此需要先使用格式工厂等软件将WAV格式的音频文件转换为MP3格式的音频文件后，再导入Animate中。
- **尽量减少使用特殊形状的线条样式**：特殊形状的线条样式（如斑马线、虚线、点线等）会增加发布后动画文件的大小，要尽量减少使用。
- **尽量减少使用色彩效果和滤镜**：色彩效果和滤镜非常消耗系统资源，要尽量减少使用，实在需要这些效果时，可以在Photoshop等图像编辑软件中对素材进行修改后再导入Animate。
- **使用动态文本**：在HTML5 Canvas模式下，静态文本在发布时会被打散，如果文字量较大，就会增加动画文件的大小。另外，有些文字在打散后会显示不正常，如图9-6中的"放"字。而将其改为动态文本后，可以正常显示，如图9-7所示。不过动态文本不能使用过于特殊的字体，如果用户的计算机上没有安装相应的字体，就会以默认的"宋体"显示。

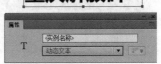

图9-6 静态文本 　　　　　　　　图9-7 动态文本

三、任务实施

（一）测试动画

打开"雪夜.fla"动画文件并进行测试，具体操作如下。

微课视频

测试动画

（1）启动Animate CC 2018，打开"雪夜.fla"动画文件，按【Ctrl+Enter】组合键测试，在打开的对话框中显示导出进度，并在80%处停留了较长时间，如图9-8所示。

（2）发布完成后，在浏览器中查看动画效果，发现其中的"小狗"影片剪辑元件只显示了第1帧的内容，只是平移，而不是走动，如图9-9所示。

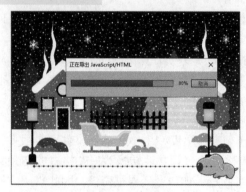

图9-8　导出进度

图9-9　查看动画

（3）按【F12】键打开"开发人员工具"面板，单击"网络"选项卡，设置网络环境为"Regular 3G"，然后按【F5】键刷新，检测加载速度，如图9-10所示，从图中可以看出，整个动画文件的大小为991.29 KB，加载完成耗时11.30秒。

图9-10　查看加载速度

（4）返回Animate，在"输出"面板中查看警告信息，如图9-11所示。

图9-11　查看警告信息

（二）优化动画

优化动画文件的具体操作如下。

（1）选择"图层_1"中的背景图层，选择【修改】/【转换为位图】菜
单命令将其转换为位图。

（2）在"图层_2"的任意一帧上单击鼠标右键，在弹出的快捷菜单中选
择"删除动作"命令删除补间动画，如图9-12所示。

（3）在第40帧处插入关键帧，将小狗移动到舞台左侧，然后在第1帧和
第40帧之间创建传统补间动画，如图9-13所示。

微课视频

优化动画

图9-12　删除补间动画

图9-13　创建传统补间动画

（4）选择舞台中的"小狗"元件，在"属性"面板的"滤镜"栏中选择"调整颜色"选项，
然后单击"删除滤镜"按钮删除该滤镜，如图9-14所示。

（5）在"库"面板中的"小狗1.png"上单击鼠标右键，在弹出的快捷菜单中选择"属性"
命令，打开"位图属性"对话框，如图9-15所示。

图9-14　删除滤镜

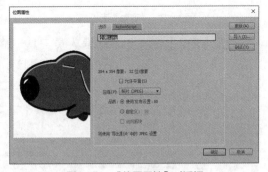

图9-15　"位图属性"对话框

（6）单击"导入"按钮，在打开的"导入位图"对话框中选择"小狗1.png"图像文件，单
击"打开"按钮，如图9-16所示。

（7）返回"位图属性"对话框，单击"确定"按钮，导入调整颜色并缩小后的图片，如
图9-17所示。

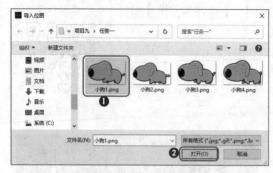
图9-16　"导入位图"对话框

图9-17　"导入位图"对话框

（8）使用相同的方法替换"小狗2.png" "小狗3.png"和"小狗4.png"图片。

（9）在"库"面板中双击"小狗"影片剪辑元件，进入其编辑界面，选择第1帧中的小狗图片，按【Ctrl+T】组合键打开"变形"面板，单击"重置缩放"按钮 ，将图片大小恢复为100%，如图9-18所示。

（10）使用相同的方法将第2帧~第4帧中的图片大小恢复到100%。

（11）按【Ctrl+Enter】组合键测试，此时的发布速度很快，且小狗行走的效果正常，如图9-19所示。

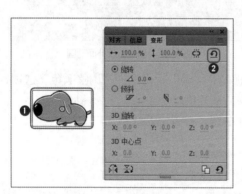
图9-18　"变形"面板

图9-19　测试动画

（12）按【F12】键打开"开发人员工具"面板，单击"网络"选项卡，设置网络环境为"Regular 3G"，然后按【F5】键刷新，检测加载速度，如图9-20所示，从图中可以看出，整个动画文档的大小为60.98 KB，加载完成耗时2秒。

图9-20　查看加载速度

任务二 发布"恭贺新禧"动画

Animate制作的动画源文件格式为FLA，但因为FLA格式的文件不能直接播放，所以在完成动画作品的制作后，需要把FLA格式的文件发布成便于在网络上发布或在计算机中播放的格式。本任务将发布"恭贺新禧"动画。

一、任务目标

本任务将练习发布"恭贺新禧"动画，通过本任务的学习可以掌握发布动画的方法。本任务完成后的效果如图9-21所示。

素材所在位置 素材文件\项目九\任务二\恭贺新禧.fla
效果所在位置 效果文件\项目九\任务二\恭贺新禧.html

图9-21 发布"恭贺新禧"动画

二、相关知识

微课视频
效果预览

制作本任务的过程涉及发布设置、发布预览等知识。

（一）发布设置

在发布动画之前，需要先进行发布设置。选择【文件】/【发布设置】菜单命令，打开"发布设置"对话框，通常只需要在"基本""高级"和"Sprite表"3个选项卡中进行设置。

1. "基本"选项卡

"基本"选项卡如图9-22所示，其中主要参数的作用如下。

● **输出名称：** 用于设置发布后的文件的名称，默认与FLA文件的名称相同，发布后的文件将保存在FLA文件所在的文件夹中，可以单击"选择发布目标"按钮█，在打开的"选择发布目标"对话框中修改保存位置。

● **循环时间轴：** 选中该复选框，动画播放到结尾时将自动循环播放，否则在播放到结尾时停止播放。

● **包括隐藏图层：** 选中该复选框，将导出隐藏图层的内容，否则不会导出隐藏图层的内容。

● **舞台居中：** 取消选中该复选框，发布后的动画将在浏览器的左上角显示；选中该复选框后，可以在后面的下拉列表框中设置动画在浏览器中居中显示的方式，有"水平""垂直""两者"3种方式。

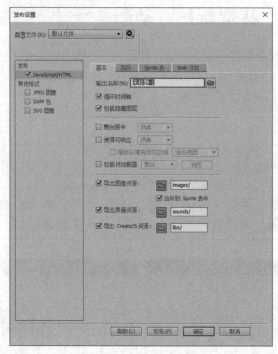

图9-22 "基本"选项卡

● **使得可响应**：选中该复选框，当浏览器可视范围的宽度或高度小于动画的宽度或高度时，将自动对画面进行等比例缩小，以显示全部内容。在后面的下拉列表框中可以设置是响应浏览器的高度、宽度还是两者都响应。

● **缩放以填充可见区域**：选中该复选框，并在其后的下拉列表框中选择"适合视图"选项时，将把画面缩放到可以完全显示的最大尺寸，画面左右或上下可能会留有空白区域，如图9-23所示；选择"伸展以适合"选项时，将把画面缩放到画面四周不留空白的最小尺寸，画面的左右或上下可能会超出显示区域，如图9-24所示。

图9-23 适合视图

图9-24 伸展以适合

● **包括预加载器**：选中该复选框，可以在后面的下拉列表框中设置一个GIF动画文件作为预加载器，动画加载时，显示该GIF动画文件。单击后面的"预览"按钮可以预览GIF动画文件的效果。

● **导出图像资源**：选中该复选框，将导出动画中的图像文件，若其后的▣按钮呈选中状态，则可以在后面的文本框中设置保存图像文件的文件夹，否则将图像文件保存到动画的根目录中。

- **合并到Sprite表中**：选中该复选框，会将所有图像合并为一个图像文件，以减少网络的请求次数。
- **导出声音资源**：选中该复选框，将导出动画中的声音文件，若其后的█按钮呈选中状态，则可以在后面的文本框中设置保存音频文件的文件夹，否则将音频文件保存到动画的根目录中。
- **导出CreateJS资源**：选中该复选框，将导出动画中的CreateJS资源文件，若其后的█按钮呈选中状态，则可以在后面的文本框中设置保存CreateJS资源文件的文件夹，否则将CreateJS资源文件保存到动画的根目录中。

2. "高级"选项卡

"高级"选项卡如图9-25所示，其中主要参数的作用如下。

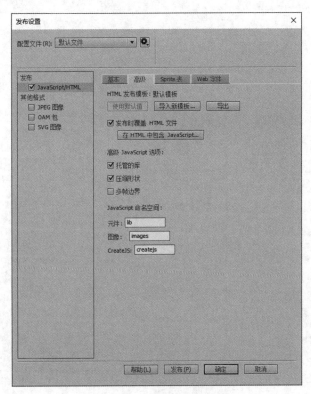

图9-25 "高级"选项卡

- **HTML发布模板**：用于设置动画的HTML文件模板，单击"使用默认值"按钮，将使用Animate默认模板；单击"导入新模板"按钮，在打开的"导入模板"对话框中可以选择一个HTML5文件作为动画的模板；单击"导出"按钮将导出当前使用的模板文件。
- **发布时覆盖HTML文件**：选中该复选框，在发布时将覆盖原来的HTML文件。
- **在HTML中包含JavaScript**：单击该按钮，会将JavaScript代码嵌入HTML文件中，生成一个.html文件，否则将生成.html和.js两个文件。
- **托管的库**：选中该复选框，将使用CreateJS CDN服务器托管库的副本，否则会将库文件保存在发布文件夹中。不过CreateJS CDN服务器都在国外，有时会出现访问不稳定的情况，从而造成动画不能正常播放，所以最好取消选中该复选框。

● **压缩形状**：选中该复选框，将以精简格式输出矢量说明，否则将导出可读的详细说明（用于学习目的）。

● **多帧边界**：选中该复选框，则时间轴元件包括一个frameBounds属性，该属性包含一个对应于时间轴中每个帧的边界的Rectangle数组。多帧边界会大幅增加发布时间。

● **JavaScript命名空间**：用于设置元件、图像和CreateJS，通常不需要修改，若一定要修改，帧脚本中相应对象的名称也要做同步修改。

3. "Sprite表"选项卡

"Sprite表"选项卡如图9-26所示，其中主要参数的作用如下。

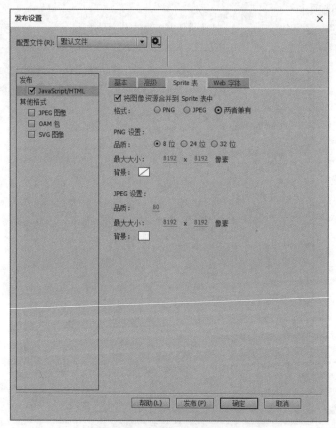

图9-26　"Sprite表"选项卡

● **将图像资源合并到Sprite表中**：用于将动画文件中使用的位图导出为一个单独的图像文件，减少服务器请求次数，减小输出大小，从而提高性能。

● **格式**：用于设置Sprite表的图像文件格式。选择"PNG"单选项，将生成一个PNG文件图像；选择"JPEG"单选项，将生成一个JPEG图像文件；选择"两者兼有"单选项，将生成一个PNG图像文件和一个JPEG图像文件。

● **PNG设置**：用于设置PNG图像的品质、最大大小和背景。品质是指PNG图像文件的颜色数量，有8位（默认）、24位和32位3个选项，位数越高，颜色数越多，画面质量越高，文件越大。最大大小是指单个图像文件的最大尺寸，当图像文件的大小超过这个尺寸后，将再生成一个图像文件。背景是指图像文件的背景颜色，当品质为8位和32位时，可以设置透明背景。

● **JPEG设置**：用于设置JPEG图像的品质、最大大小和背景。品质是指JPEG图像文件的质量，质量越高，画面效果越好，文件越大。最大大小是指单个图像文件的最大尺寸，当图像文件的大小超过这个尺寸后，将再生成一个图像文件。背景是指图像文件的背景颜色。

知识提示

指定位图的压缩格式

　　在"库"面板中的位图素材上单击鼠标右键，在弹出的快捷菜单中选择"属性"命令，打开"位图属性"对话框，如图9-27所示。在"压缩"下拉列表框中选择"无损（PNG/GIF）"选项，在发布后，可将该位图合并到Sprite表的PNG图像中；选择"照片（JPEG）"选项，在发布后，可将该位图合并到Sprite表的JPEG图像中。

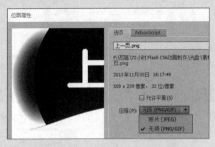

图9-27　"位图属性"对话框

（二）发布动画

　　在"发布设置"对话框中设置完毕，单击"发布"按钮即可发布动画，也可以单击"确定"按钮保存设置，然后选择【文件】/【发布】菜单命令发布动画。

三、任务实施

　　打开动画文件并发布，具体操作如下。

（1）启动Animate CC 2018，打开"恭贺新禧.fla"动画文件，选择【文件】/【发布设置】菜单命令。

（2）打开"发布设置"对话框，在"基础"选项卡中选中"舞台居中"复选框，在其后的下拉列表框中选择"两者"选项。选中"使得可响应"复选框，在其后的下拉列表框中选择"两者"选项。选中"缩放以填充可见区域"复选框，在其后的下拉列表框中选择"适合视图"选项，其他选项保持默认设置不变，如图9-28所示。

微课视频

发布"恭贺新禧"动画

（3）单击"Sprite表"选项卡，在"格式"栏中选中"两者兼有"单选项，设置PNG图像的品质为"32位"，背景为透明，设置JPEG图像的品质为"80"，其他选项保持默认设置不变，单击"确定"按钮保存设置，如图9-29所示。

（4）选择【文件】/【发布】菜单命令发布动画。打开保存动画文件的文件夹，可以看到发布后生成的文件，如图9-30所示，双击"恭贺新禧.html"文件，打开系统默认的网页浏览器播放动画，如图9-31所示。

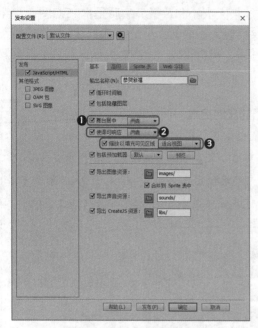

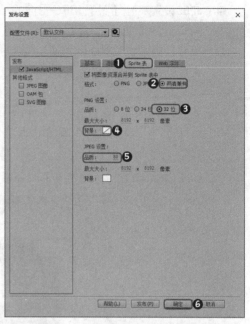

图9-28　设置"基础"选项卡　　　　　　　　图9-29　设置"Sprite表"选项卡

图9-30　发布后生成的文件　　　　　　　　图9-31　打开动画文件

任务三　导出"汽车广告"动画

　　使用Animate制作的动画除了可以导出为HTML5的网页文件外，还可以导出为图片、影片、视频和GIF动画等格式，方便用户在不同的环境下使用。

一、任务目标

　　练习导出"汽车广告"动画，通过本任务的学习可以掌握导出动画的方法。本任务完成后的效果如图9-32所示。

素材所在位置　素材文件\项目九\任务三\汽车广告.fla
效果所在位置　效果文件\项目九\任务三\汽车广告.jpeg、汽车广告.mov、汽车广告0001.png~汽车广告0140.png

图9-32 导出"汽车广告"动画

二、相关知识

制作本任务的过程涉及导出图像、导出影片、导出视频、导出GIF动画等知识，下面分别介绍这些相关知识。

（一）导出图像

使用Animate的导出图像功能可以将某一帧的画面导出为图像文件。在时间轴上选择要导出的帧，然后选择【文件】/【导出】/【导出图像】菜单命令，打开"导出图像"对话框，如图9-33所示。其中主要参数的作用如下。

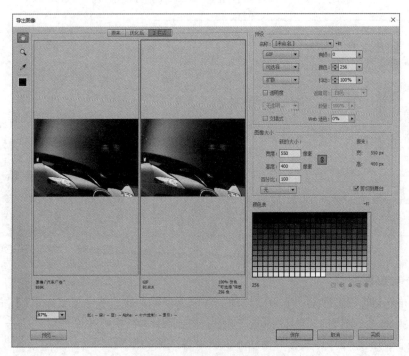

图9-33 "导出图像"对话框

- **"原来"按钮**：单击该按钮，可查看图像的原始效果。
- **"优化后"按钮**：单击该按钮，可查看图像优化后的效果。
- **"2栏式"按钮**：单击该按钮，会将图像显示区域分为两栏，在左侧显示图像的原始效果，在右侧显示图像优化后的效果，以方便用户进行比较。

- "**预设**"栏：用于设置图像的效果，在其中的"名称"下拉列表框中可以选择一种预设效果，也可以在"优化的文件格式"下拉列表框中选择图像文件的格式，如图9-34所示，然后手动设置其他参数（不同图像格式的参数会有所不同）。

图9-34 选择图像格式

- "**图像大小**"栏：用于调整图像的尺寸大小。
- "**颜色表**"栏：显示当前设置的所有颜色。

设置完成后单击"保存"按钮，在打开的"另存为"对话框中设置图像的文件名，单击"保存"按钮即可。

（二）导出影片

使用Animate的导出影片功能可以将动画导出为SWF影片、JPEG序列、GIF序列和PNG序列。选择【文件】/【导出】/【导出影片】菜单命令，打开"导出影片"对话框，在"文件名"文本框中输入导出文件的名称，在"保存类型"下拉列表框中选择导出文件的类型，如图9-35所示。

如果保存类型是SWF影片，则单击"保存"按钮将直接导出SWF影片文件。如果保存类型是JPEG序列、GIF序列或PNG序列，则单击"保存"按钮还会打开相应的设置对话框（图9-36所示为保存类型是"JPEG序列"时，打开的"导出JPEG"对话框），在其中设置图像的格式后，单击"确定"按钮，即可将动画中的每一帧都导出为一张图片。

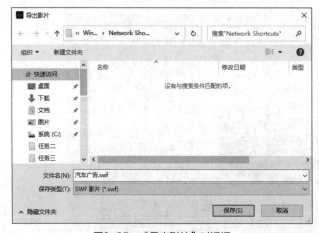

图9-35 "导出影片"对话框

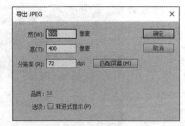

图9-36 "导出JPEG"对话框

（三）导出视频

使用Animate的导出视频功能可以将动画导出为视频文件。选择【文件】/【导出】/【导出视频】菜单命令，打开"导出视频"对话框，在其中进行相应的设置后，单击"导出"按钮，即可导出为视频文件，如图9-37所示。其中各选项的作用如下。

- "**宽**"数值框：用于设置视频的宽度。
- "**高**"数值框：用于设置视频的高度。
- "**忽略舞台颜色（生成Alpha通道）**"复选框：选中该复选框，将忽略舞台的背景颜色，生成Alpha通道，以生成具有透明效果的视频文件。
- "**在Adobe Media Encoder中转换视频**"复选框：Animate只能导出MOV格式的视频

文件，如要导出其他格式的视频文件，可以选中该复选框，导出完毕后将自动启动
Adobe Media Encoder（需先安装），在其中可以将视频转换为其他格式。

● **"到达最后一帧时"单选项**：选中该单选项，当动画播放到最后一帧时，将停止导出视频。

● **"经过此时间后"单选项**：选中该单选项，在其后的文本框中可以输入一个时间，当导出的视频达到设置的时间后，将停止导出视频。

● **"浏览"按钮**：单击该按钮，在打开的对话框中可以设置视频文件的名称和保存位置。

图9-37　"导出视频"对话框

（四）导出GIF动画

使用Animate的导出功能可以将动画导出为GIF动画文件。选择【文件】/【导出】/【导出动画GIF】菜单命令，打开"导出图像"对话框，如图9-38所示。该对话框与图9-33所示的"导出图像"对话框类似，只是右下角多了一个"动画"栏，在其中可以控制动画的播放。另外，在"优化的文件格式"下拉列表框中也只能选择"GIF"选项。

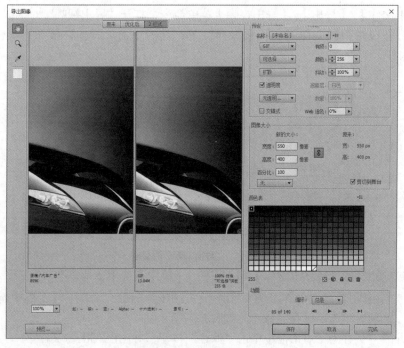

图9-38　"导出图像"对话框

三、任务实施

打开素材文件，将整个动画导出为PNG序列文件和视频文件，再将第18帧导出为JPEG图像文件，具体操作如下。

微课视频

导出"汽车广告"动画

（1）启动Animate CC 2018，打开"汽车广告.fla"动画文件，选择【文件】/【导出】/【导出影片】菜单命令，打开"导出影片"对话框，在"保存类型"下拉列表框中选择"PNG序列"选项，单击"保存"按钮，如图9-39所示。

（2）打开"导出PNG"对话框，单击"导出"按钮，将动画中的每一帧都导出为PNG图像文件，如图9-40所示。

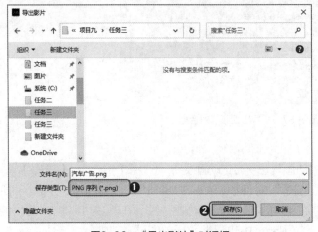

图9-39 "导出影片"对话框

图9-40 "导出PNG"对话框

（3）选择【文件】/【导出】/【导出视频】菜单命令，打开"导出视频"对话框，单击"浏览"按钮设置视频文件的名称和保存位置，然后单击"导出"按钮，导出视频，如图9-41所示。

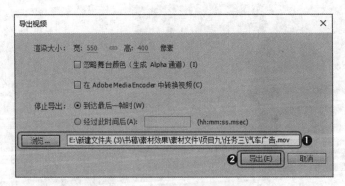

图9-41 "导出视频"对话框

（4）选择第18帧，然后选择【文件】/【导出】/【导出图像】菜单命令。

（5）打开"导出图像"对话框，在"预设"栏中的"名称"下拉列表框中选择"JPEG High"选项，单击"保存"按钮，如图9-42所示。

（6）在打开的"另存为"对话框中单击"保存"按钮，导出JPEG图像文件。

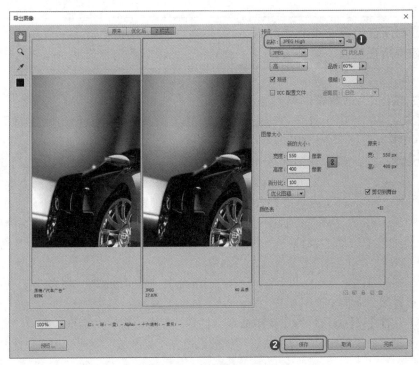

图9-42　"导出图像"对话框

实训一　测试并发布"动态风光相册"

【实训要求】

先测试"动态风光相册"动画，然后根据需要修改动画文件，最后将其发布。本实训的参考效果如图9-43所示。

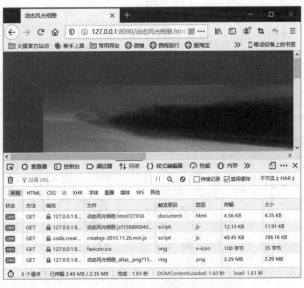

微课视频

效果预览

图9-43　发布的"动态风光相册"效果

素材所在位置	素材文件\项目九\实训一\动态风光相册.fla
效果所在位置	效果文件\项目九\实训一\动态风光相册.html

微课视频

测试并发布"动态风
光相册"

【步骤提示】

（1）打开"动态风光相册.fla"动画文件，按【Ctrl+Enter】组合键进行测试。

（2）在浏览器中观察，发现图像的质量不是太好。按【F12】键打开"开发人员工具"面板，选择"网络"选项卡，按【F5】键刷新。

（3）发现文档大小为2.35 MB，加载时间为1.63秒。

（4）返回Animate，在"库"面板中选择"1.jpg"~"8.jpg"位图，单击鼠标右键，在弹出的快捷菜单中选择"属性"命令，在打开的对话框中设置图像的压缩类型为"照片（JPEG）"。

（5）使用相同的方法将"上一页.png""下一页.png""首页.png""尾页.png"位图的压缩类型设置为"无损（PNG/GIF）"。

（6）选择【文件】/【发布设置】菜单命令，打开"发布设置"对话框，选中"舞台居中"复选框、"使得可响应"复选框、"缩放以填充可见区域"复选框和"包括预加载器"复选框。

（7）选择"Sprite表"选项卡，设置格式为"两者兼有"，然后单击"确定"按钮关闭"发布设置"对话框。

（8）按【Ctrl+Enter】组合键进行测试，发现此时图像的质量好了很多。按【F12】键打开"开发人员工具"面板，选择"网络"选项卡，按【F5】键刷新，发现文件大小为1.18 MB，加载时间为502毫秒。

（9）选择【文件】/【发布】菜单命令发布动画，完成本实训的操作。

实训二　导出"有声飞机"动画

【实训要求】

　　将"有声飞机"动画导出为GIF动画文件和MOV视频文件，完成后的最终效果如图9-44所示。

微课视频

效果预览

图9-44　导出"有声飞机"动画

素材所在位置	素材文件\项目九\实训二\有声飞机.fla
效果所在位置	效果文件\项目九\实训二\有声飞机.gif、有声飞机.mov

【步骤提示】

（1）打开"有声飞机.fla"动画文件，选择【文件】/【导出】/【导出动画GIF】菜单命令，打开"导出图像"对话框。

（2）在"图像大小"栏中设置"百分比"为"50"，单击"保存"按钮。

（3）打开"另存为"对话框，设置动画文件的名称和保存位置，然后单击"保存"按钮导出 GIF 动画文件。

（4）选择【文件】/【导出】/【导出视频】菜单命令，打开"导出视频"对话框。

（5）单击"浏览"按钮，在打开的对话框中设置视频文件的名称和保存位置，单击"导出"按钮导出视频文件。

微课视频

导出"有声飞机"动画

课后练习

（1）测试"交互式滚动广告.fla"动画文件并进行优化，最后发布。完成后的最终效果如图9-45所示。

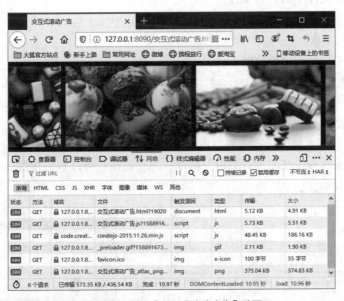

图9-45　测试"交互式滚动广告"动画

微课视频

效果预览

素材所在位置	素材文件\项目九\课后练习\交互式滚动广告.fla
效果所在位置	效果文件\项目九\课后练习\交互式滚动广告.html

（2）将"大象.fla"动画文件的第1帧导出为PNG图像文件，将整个动画文件导出为GIF动画文件。完成后的最终效果如图9-46所示。

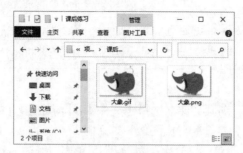

图9-46　导出大象文件

 素材所在位置　素材文件\项目九\课后练习\大象.fla
效果所在位置　效果文件\项目九\课后练习\大象.gif、大象.png

技巧提升

问：怎样导出动画文件中的矢量图？

答：选择要导出矢量图的帧，再选择【文件】/【发布设置】菜单命令，打开"发布设置"对话框，在右侧选中"SVG图像"复选框，单击"发布"按钮，即可将当前帧的内容导出为SVG图像文件。SVG图像文件是一种矢量图像文件，可以使用Adobe Illustrator打开和编辑。

问：怎样导出动画文件中的声音文件？

答：将动画文件发布为HTML5网页文件，在发布文件夹中的"sounds"文件夹中可找到动画文件中的所有声音文件。

问：怎样导出"库"面板中的位图素材？

答：在"库"面板中的位图素材上单击鼠标右键，在弹出的快捷菜单中选择"编辑方式"菜单命令，在打开的"选择外部编辑器"对话框中选择一种图像编辑软件，如Photoshop，如图9-47所示，单击"打开"按钮，可使用Photoshop打开并编辑位图，直接保存可更新Animate中的位图素材，另存即可导出该位图。此后，在位图素材的右键菜单中将增加一个"使用Adobe Photoshop CC进行编辑"命令，选择该命令可以直接使用Photoshop打开位图素材，如图9-48所示。

图9-47　"选择外部编辑器"对话框

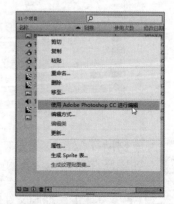

图9-48　"使用Adobe Photoshop CC
进行编辑"命令

项目十
综合案例

情景导入

通过一段时间的学习，米拉基本掌握了使用Animate制作动画的方法，但要制作出优质的动画，还需要更多的练习和经验积累。于是老洪带着米拉开始制作一些较复杂的动画，以快速提高米拉的Animate动画制作水平。

学习目标

● 掌握使用Animate制作网站页面的方法。
包括构建Animate网站的常用技术、如何规划Animate网站等。

● 掌握使用Animate制作小游戏的方法。
包括Animate游戏概述、Animate游戏制作流程等。

思政元素

全球视野　学以致用

案例展示

▲制作网站进入动画

▲制作打地鼠游戏

任务一　制作网站进入动画

网站的进入动画直接影响浏览者对网站的整体印象，好的网站设计会根据网站的主题制作相应的进入动画，达到相辅相成的目的。本任务将制作一个网站的进入动画，且在进入动画中添加公司最近进行的活动信息，吸引浏览者的注意。

一、任务目标

制作网站进入动画。通过本任务的制作，用户可以了解网站进入动画和网站导航条的制作方法，认识补间动画、遮罩动画、引导动画、元件的制作及脚本的编辑等操作。本任务制作完成后的最终效果如图10-1所示。

素材所在位置　素材文件\项目十\任务一\背景.png、网站主页.png、商品介绍.png、1.png~6.png

效果所在位置　效果文件\项目十\任务一\网站进入动画.fla

微课视频

效果预览

图10-1　网站进入动画

二、相关知识

本任务涉及构建Animate网站的常用技术及如何规划Animate网站等相关知识，下面先对这些相关知识进行介绍。

（一）构建Animate网站的常用技术

随着计算机和网络的发展，构建网站的方式也呈多样化趋势，构建一个门户网站一般涉及页面设计、服务器的搭建与维护、数据和程序的开发等方面。使用Animate构建网站主要涉及网站常用的JavaScript脚本的应用、网站导航中按钮的事件类型、声音和视频在网站中的应用，以及外部内容的处理等。

（二）如何规划Animate网站

网站创建得成功与否，与网站的创意、设计和交互这3个元素息息相关，任何一个元素的缺失都会使网站不够完美。但这3个元素并不能完全决定网站的成败，要使网站更加完美，在创建前还需要对网站进行规划，使网站的存在更加合理。

Animate网站的规划主要包括以下几个方面。

1. 结构的规划

每一个网站都有其存在意义，在创建前需要梳理其存在的目的，如这个网站是什么类型的，面向哪一方面的用户群体，需要满足用户的什么需求等，完成这些问题的梳理即可对网站的结构有大致的了解，对网站的类型有清晰的定位，从而规划出网站的大致结构。

2. 设计的规划

设计的规划实际上就是使网站风格统一，优秀网站的站内风格都是一致的，在浏览时始终有一条统一的线贯穿整个网站。因此，在创建网站前需要设计这条统一的线，如统一的交互变化、统一的场景转换和统一的Logo符号等，然后按照设计的规划实施，创建Animate网站。

3. 内容的规划

在创建网站前，还应当规划需要使用到的内容，如将网站中的文本内容以动态文本的形式载入，方便文本更新；若网站需要使用视频，则应将视频转换为MP4格式，再导入等。内容的规划可方便后期网站的创建，节省后期制作的时间。

三、任务实施

（一）制作进入动画

启动Animate，然后新建动画文件，在其中导入素材，并将需要的素材转换为元件，最后使用补间动画和遮罩动画制作进入动画效果，具体操作如下。

（1）启动Animate CC 2018，新建一个1 024像素×576像素、背景颜色为"#000000"的HTML5 Canvas动画文件，并将其保存为"网站进入动画.fla"。

（2）将所有素材文件导入"库"面板，将"背景.png"图像移动到舞台中间。按【F8】键，打开"转换为元件"对话框，在其中设置"名称、类型"分别为"背景、图形"，单击"确定"按钮，如图10-2所示。

（3）在第24帧处按【F6】键插入关键帧，在第48帧处按【F5】键插入帧，在第1帧和第24帧之间创建传统补间动画，选择第1帧中的"背景"元件，将其向下移动一段距离，并设置Alpha值为0，如图10-3所示。

图10-2 转换为元件

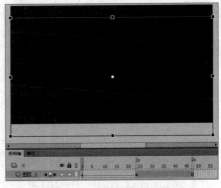

图10-3 创建传统补间动画

（4）新建一个图层，在第24帧处插入关键帧，输入"冰与火之歌"文本，设置"系列、大小、颜色、Alpha"分别为"汉真广标、84磅、#FFFFFF、70%"。然后输入"——冰岛6日仙境之旅"，将字体大小修改为"30磅"，如图10-4所示。

（5）同时选择两个文本，将其转换为"标题"影片剪辑元件，然后在"属性"面板中添加"投影"滤镜，设置投影颜色为"#0033CC"，如图10-5所示。

图10-4　添加文本　　　　　　　　　　　　　图10-5　添加投影滤镜

（6）在第48帧处插入关键帧，在第24帧和第48帧之间创建补间动画，设置第24帧中元件的Alpha为0，如图10-6所示。

（7）新建一个图像，在舞台下方绘制一个矩形，设置笔触颜色为"#FFFFFF"，Alpha为"50"，填充颜色为"#000000"，效果如图10-7所示。

图10-6　创建传统补间动画　　　　　　　　　图10-7　绘制矩形

（8）将矩形转换为"滚动图片"影片剪辑元件，双击转换后的元件进入其编辑窗口，在第240帧处插入帧。新建一个图层，将"1.png"～"6.png"图片添加到舞台中，并排列到黑色矩形中，然后将6张图片各复制一张，移动到图像右侧，如图10-8所示。

（9）选择所有的图片并将其转换为图形元件，创建传统补间动画，在第240帧处插入关键帧，将元件向左移动，如图10-9所示。

图10-8　添加并复制图片　　　　　　　　　图10-9　创建传统补间动画

（10）返回主场景，在第28帧处插入关键帧，创建传统补间动画，将第24帧中的元件的 Alpha 设置为0，如图10-10所示。

（11）选择【插入】/【新建元件】菜单命令，新建一个"按钮闪烁"影片剪辑元件。双击进入元件编辑窗口，在其中绘制一个白色的圆角矩形，如图10-11所示。

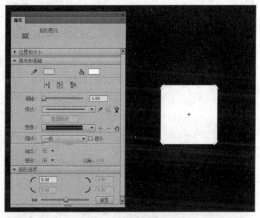

图10-10　创建传统补间动画　　　　　　　　图10-11　绘制圆角矩形

（12）在第10帧和第20帧处插入关键帧。在"属性"面板中，分别设置第1、第10和第20帧中的图形填充颜色的"Aplha"分别为"80%、50%、30%"。新建"图层_2"，使用线条工具☑在矩形上绘制修饰线，如图10-12所示。

（13）新建一个"按钮"按钮元件，双击进入元件编辑窗口。从"库"面板中将"按钮闪烁"元件移动到舞台中，按3次【F6】键，插入3个关键帧。选择"鼠标经过"帧中的元件。在"属性"面板中设置"样式"为"色调"，再设置"色调、红、绿、蓝"分别为"50%、210、36、0"，如图10-13所示。

（14）选择"按下"帧中的元件。在"属性"面板中设置"样式"为"色调"，再设置"色调、红、绿、蓝"分别为"50%、210、150、0"，如图10-14所示。

（15）新建"图层_2"，在图形中输入"点击进入官网查看更多……"文本，在"属性"面板中设置"系列、大小、颜色"分别为"方正准圆简体、14.0磅、#333333"，如图10-15所示。

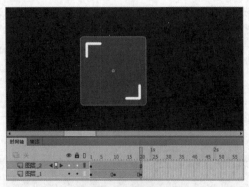

图10-12　绘制线条

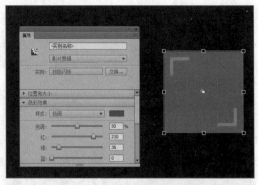

图10-13　调整鼠标经过帧的颜色

图10-14　调整按下帧的颜色

图10-15　为按钮添加文本

（16）返回主场景，新建一个图层。在第24帧处插入关键帧。从"库"面板中将"按钮"元件移动到舞台中。在第48帧处插入关键帧，创建传统补间动画，设置第24帧中元件的Alpha为0，如图10-16所示。

（17）在"属性"面板中设置"按钮"元件的实例名称为"anniu"，如图10-17所示。

图10-16　添加按钮元件并创建传统补间动画

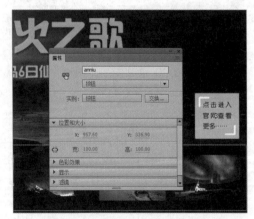

图10-17　设置元件的实例名称

（18）新建一个图层，将其重命名为"脚本"。在第48帧处插入关键帧。按【F9】键打开"动作"面板，在其中输入以下脚本。

```
01    this.stop();
02    this.anniu.addEventListener("click", goToNextFrame.bind(this));
```

```
03    function goToNextFrame(){
04        this.gotoAndPlay(this.currentFrame+1);
05    }
```

（二）制作网页导航条动画

下面新建图层和元件，为图像制作感应热区。制作单击时弹出菜单的效果，完成网页导航条动画的制作，具体操作如下。

（1）新建一个图层，在第49帧处插入关键帧，从"库"面板中将"网站主页"图像移动到舞台中，然后在第72帧处插入帧，如图10-18所示。

（2）新建一个"热区"按钮元件，进入元件编辑窗口。插入3个关键帧，然后在"点击"帧中绘制一个矩形，如图10-19所示。

图10-18　添加网站主页图像

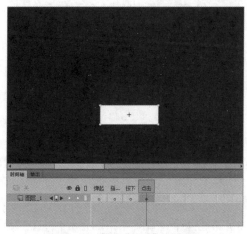

图10-19　新建"热区"按钮元件

（3）从"库"面板中将"商品介绍.png"图像移动到舞台中，并将其转换为图形元件，如图10-20所示。

（4）在第16帧处插入关键帧，将图像向左边移动一个图片的位置，然后在第1帧和第16帧之间创建传统补间动画，如图10-21所示。

图10-20　转换为元件

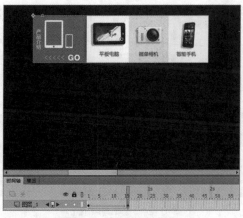

图10-21　创建传统补间动画

（5）新建"图层_2"，从"库"面板中将"热区"按钮元件移动到舞台中，并使用任意变形工具 □ 调整元件形状，如图10-22所示，在"属性"面板中设置"实例名称"为"requ"。

（6）在第7帧处插入关键帧，然后在第16帧中调整"热区"按钮元件的大小，使其覆盖整个图片，如图10-23所示。

图10-22　调整"热区"按钮元件的形状

图10-23　调整"热区"按钮元件的大小

（7）新建一个图层，将其重命名为"脚本"，选择第1帧，打开"动作"面板，在其中输入以下脚本。

```
01  this.stop();
02  this.requ.addEventListener("click", movieClipClick.bind(this));
03  function movieClipClick() {
04      this.play();
05  }
```

（8）在第16帧处插入关键帧。在"动作"面板中输入以下脚本。

```
01  this.stop();
```

（9）新建一个"背景条"图形元件，进入元件编辑窗口。在"属性"面板中设置"笔触颜色"为"无"，"填充颜色"为"白色"，Alpha为"70%"，在舞台中绘制一个矩形，如图10-24所示。

（10）新建一个"产品菜单"图形元件，从"库"面板中将"背景条"元件拖曳到舞台中。选择文本工具 T，在其中设置"系列、大小、颜色"分别为"汉仪细中圆简、26.0磅、#000000"，使用文本工具在舞台中输入文本，如图10-25所示。

图10-24　编辑背景条元件

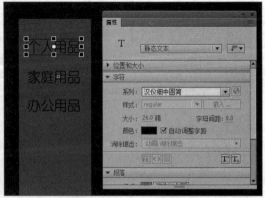
图10-25　制作产品菜单列表

（11）使用相同的方法创建"服务与支持""新闻中心""关于我们"菜单列表，如图10-26所示。

（12）新建一个"产品中心"影片剪辑元件。使用文本工具 T 在舞台中间输入"产品中心"文本，在"属性"面板中设置"系列、大小、颜色"分别为"汉仪中黑简、28.0磅、#006666"，如图10-27所示。

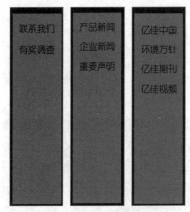

图10-26　制作其他菜单列表

图10-27　输入文本

（13）新建"图层2"，从"库"面板中将制作的"热区"按钮元件拖动到舞台中，调整并移动其位置，使按钮元件遮住文字，在"属性"面板中设置"实例名称"为"btmenu"，如图10-28所示。

（14）新建"图层3"，从"库"面板中将"产品菜单"元件拖动到舞台中。选择所有图层的第15帧，按【F5】键插入帧。选择"图层3"的第15帧，按【F6】键，插入关键帧，并将图像向下移动。然后在第1帧和第15帧之间创建传统补间动画，如图10-29所示。

图10-28　设置实例名称

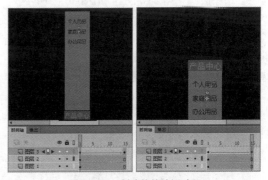

图10-29　创建传统补间动画

（15）新建"图层_4"，在"产品中心"文本下方绘制一个矩形。在"图层4"上单击鼠标右键，在弹出的快捷菜单中选择"遮罩层"命令，将"图层4"转换为遮罩图层，将"图层3"转换为被遮罩图层，效果如图10-30所示。

（16）新建"图层_5"，选择第1帧，在"动作"面板中输入以下脚本。

```
01  this.stop();
02  this.btmenu.addEventListener("mouseover", btmenu_clickHandler.bind(this));
03  this.btmenu.addEventListener("mouseout", btmenu_clickHandler1.bind(this));
```

```
04  function btmenu_clickHandler() {
05      this.gotoAndPlay(1);
06  }
07  function btmenu_clickHandler1() {
08      this.gotoAndStop(0);
09  }
```

（17）在第15帧处插入关键帧，然后在"动作"面板中输入以下脚本。

```
01  this.stop();
```

（18）返回主场景，使用相同的方法制作"服务与支持""新闻中心""关于我们"菜单，如图10-31所示。

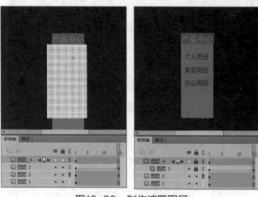

图10-30　制作遮罩图层

图10-31　制作其他菜单

（19）新建一个图层，在第49帧处插入关键帧，从"库"面板中将"商品介绍"元件拖曳到舞台中，并调整其大小，如图10-32所示。

（20）在第63帧和第72帧处插入关键帧。在第72帧使用鼠标将元件向右拖曳到舞台外，在第63帧和第72帧之间创建传统补间动画，如图10-33所示。

图10-32　添加商品介绍元件

图10-33　创建传统补间动画

（21）新建一个图层，在第49帧处插入关键帧。从"库"面板中将"产品中心""服务与支持""新闻中心""关于我们"等元件依次拖曳到舞台顶部，如图10-34所示。

（22）新建一个图层，在第72帧处插入关键帧，如图10-35所示。在"动作"面板中输入以
下脚本。

```
01  this.stop();
```

图10-34　添加菜单　　　　　　　　　　图10-35　添加脚本

（23）选择【文件】/【发布设置】菜单命令，打开"发布设置"对话框，在"基本"选项卡
中选中"舞台居中"复选框， 在其后的下拉列表框中选择"水平"选项，如图10-36
所示。

（24）单击"Sprite表"选项卡，在"格式"栏中选中"两者兼有"单选项，然后设置PNG的
品质为"32位"，JPEG的品质为"80"，如图10-37所示，单击"确定"按钮。

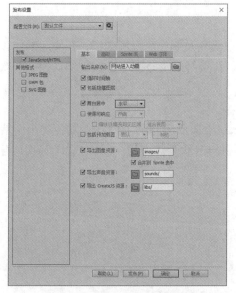

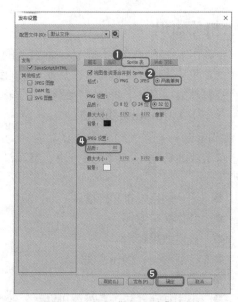

图10-36　设置"基本"选项卡　　　　　　图10-37　设置"Sprite表"选项卡

（25）选择【文件】/【发布】菜单命令发布动画，完成后按【Ctrl+S】组合键保存文件，完
成本任务的操作。

任务二　制作"打地鼠"游戏

使用Animate可以制作很多小游戏，很多网站中的小游戏都是用Animate制作的。现在很多手机客户端的游戏也使用Animate制作。本任务将介绍使用Animate制作小游戏的方法。

一、任务目标

练习制作一个简单的打地鼠小游戏，全面巩固JavaScript脚本和Animate动画相结合的方法，主要包括元件的制作与编辑、补间动画、传统补间动画、脚本的使用等知识。本任务完成后的效果如图10-38所示。

素材所在位置	素材文件\项目十\任务二\背景.png、榔头.png、老鼠.png、老鼠1.png
效果所在位置	效果文件\项目十\任务二\打地鼠.fla

图10-38　制作打地鼠游戏

二、相关知识

在制作本任务前需要了解Animate游戏的特点、类型及制作流程等知识，在实际制作过程中，主要涉及游戏背景的制作、游戏对象的绘制、背景音乐及碰撞声音的制作、控制游戏进程的AS脚本编写等。下面分别介绍相关的知识。

（一）Animate游戏概述

Animate具有强大的脚本交互功能，为Animate添加合适的脚本可以开发各类小游戏，如迷宫游戏、贪吃蛇、俄罗斯方块、赛车游戏、射击游戏等。使用Animate制作游戏具有以下优点。

- 适合网络发布和传播。
- 制作简单方便。
- 视觉效果突出。
- 游戏简单，操作方便。
- 绿色，不用安装。
- 不用注册账号，直接就可以玩。

（二）Animate游戏制作流程

使用Animate制作游戏需要遵循游戏制作的一般流程，这样才能事半功倍，提高效率。

Animate游戏制作的一般流程如下。

1.游戏构思及框架设计

在着手制作一款游戏前，必须有大概的游戏规划或者方案，否则在后期会进行大量修改，浪费时间和人力。

在制作游戏前，必须先确定游戏的目的，根据游戏的目的设计符合需求的作品。另外，还需确定Animate游戏的类型，如是益智、动作还是体育运动等。

确定游戏的目的与类型后，需做完整的规划。图10-39所示为"掷骰子"游戏的流程规划图，通过该图可以清楚地了解需要制作的内容及可能发生的情况。在游戏中，一开始玩家要确定所押的金额，接着随机出现玩家和计算机各自的点数，然后，游戏对点数进行判断，最后判断出谁胜谁负。如果玩家胜利，就会增加金额，相反则要扣除金额，接着显示目前玩家的金额，并询问玩家是否结束游戏，如果不结束，则再选择要押的金额，进入下一轮游戏。

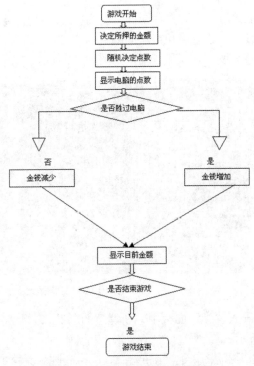

图10-39　"掷骰子"游戏流程规划

2.素材的收集和准备

一款成功的Animate游戏，必须具有足够丰富的游戏内容和漂亮的游戏画面，因此，在设计出游戏流程图之后，需要着手收集和准备游戏中要用到的各种素材，包括图片、声音等。

3.制作与测试

所有素材都准备好后，就可以正式开始制作游戏了，这里需要应用到Animate制作技术。游戏制作得快慢和成功与否，关键在于日常的学习和经验与技巧的积累，只要把它们合理地运用到游戏制作过程中，就可以顺利完成任务。在制作过程中还有以下一些技巧。

● **分工合作：** 游戏的制作过程非常烦琐和复杂，要做好一款游戏，必须多人互相协调工作，每个人根据自己的特长分配不同的任务，如美工负责游戏的整体风格和视觉效果，程序员负责设计游戏程序，从而充分发挥各自的特点，保证游戏的制作质量，提高工作效率。

● **设计进度**：游戏的流程图确定后，就可以合理分配所有要做的工作，事先设计好进度表，然后按进度表每天完成一定的任务，从而有条不紊地完成所有工作。

● **学习别人的作品**：在日常生活中多注意观摩别人制作游戏的方法，养成研究和分析的习惯，从这些观摩的经验中，找到自己出错的原因，发现新的技术，提高自身技能。

三、任务实施

（一）制作动画界面

启动Animate，导入素材，通过素材制作背景、前景等内容，具体操作如下。

（1）新建一个1 000像素×740像素、背景颜色为"#FFCC00"的HTML5 Canvas动画文件，并将其保存为"打地鼠.fla"。

（2）使用基本矩形工具■绘制一个和舞台同样大小的矩形。打开"颜色"面板，设置"颜色类型"为"线性渐变"，设置颜色滑块的颜色为"#005BE7""#54C4EE"。然后使用渐变变形工具■调整渐变的方向和范围，如图10-40所示。

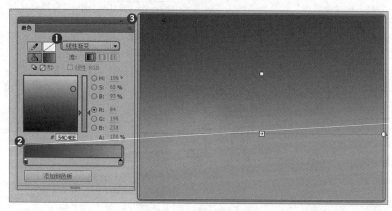

图10-40　绘制蓝天

（3）将所有素材图片都导入"库"面板中，新建"图层2"，将"背景.png"图像拖动到舞台中，如图10-41所示。

（4）锁定"图层1""图层2"，新建"图层3"。选择椭圆工具◯，在"工具"面板的"选项区域"中设置"笔触颜色、填充颜色"分别为"无、#FFFFFF"，使用椭圆工具◯在舞台上绘制椭圆，制作云朵，如图10-42所示。

（5）选择刚刚绘制的所有云朵图形。选择【修改】/【形状】/【柔化填充边缘】菜单命令，打开"柔化填充边缘"对话框，在其中设置"距离、步长数"分别为"10像素、4"，单击"确定"按钮，如图10-43所示。

（6）选择椭圆工具◯，打开"颜色"面板，在其中设置"颜色类型"为"径向渐变"。设置每个色块的颜色分别"#FF3C00""#FFA818""#FFEC27"，Alpha分别为"100%""80%""0%"，然后在舞台中绘制一个正圆形，作为太阳，如图10-44所示。

图10-41 放入前景图

图10-42 绘制云朵

图10-43 柔化云朵效果

图10-44 绘制太阳

（7）新建"图层4"，选择基本椭圆工具 ，在"属性"面板中设置"笔触颜色"为
　　"无"，"颜色类型"为"线性渐变"，"填充颜色"为"#834E41"和"2F1E1E"，
　　在舞台中绘制一个椭圆，如图10-45所示。

（8）将绘制的椭圆复制一个，并调整渐变方向，将两个椭圆重叠在一起作为地洞的洞口，如
　　图10-46所示。

图10-45 绘制椭圆

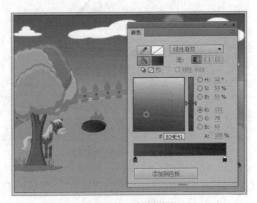

图10-46 复制椭圆

（9）使用画笔工具  在洞口附近用不同深浅的土黄色绘制洞的泥土。然后将绘制的洞口和泥土转换为"地洞"图形元件，如图10-47所示。

（10）将"地洞"图形元件复制5个，作为老鼠出现的地洞，如图10-48所示。

图10-47　转换为元件

图10-48　复制"地洞"元件

（二）编辑元件

编辑好背景后，可以根据实际需要编辑动画中需要的元件，具体操作如下。

（1）新建一个"榔头动画"影片剪辑元件，在其编辑界面中将"榔头.png"图像拖动到舞台中，按【F8】键打开"转换为元件"对话框，设置名称和类型分别为"榔头"和"影片剪辑"，如图10-49所示。

（2）使用任意变形工具 调整旋转中心到榔头柄的末端，在第3帧和第12帧处插入关键帧，并创建传统补间动画，然后选择第3帧中的图像，逆时针旋转一定的角度，如图10-50所示。

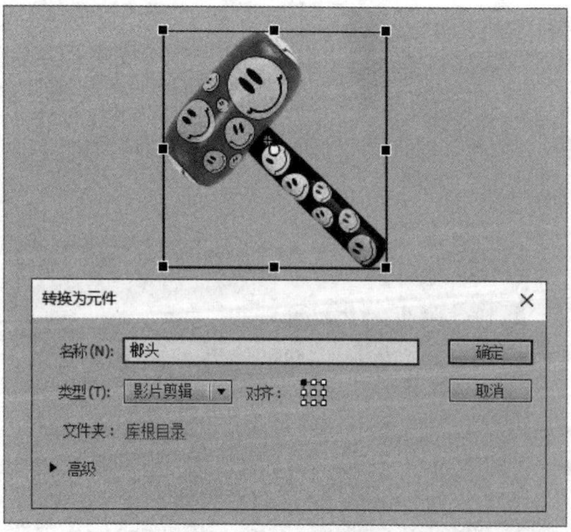

图10-49　转换为元件

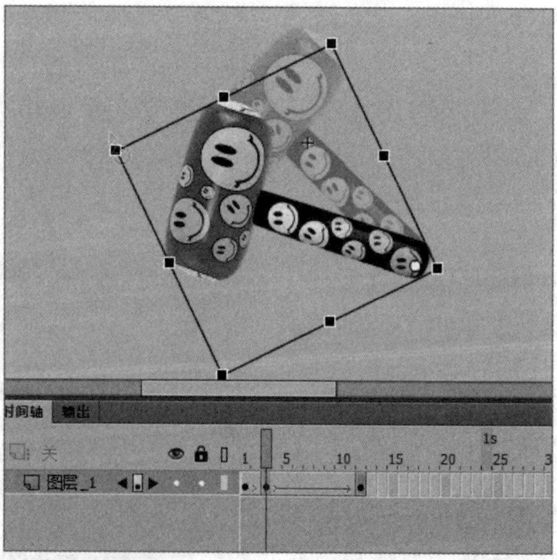

图10-50　创建传统补间动画

（3）新建"图层2"，打开"动作"面板，在其中输入以下脚本。

```
01    this.stop();
```

（4）新建一个"GOOD"影片剪辑元件，进入元件编辑窗口。选择文本工具 $\boxed{T}$ ，在"属性"面板中设置"系列、大小、颜色"分别为"Arial、40.0磅、#000000"，使用文本工具 $\boxed{T}$ 在舞台中输入"GOOD"文本，如图10-51所示。

（5）按【F8】键，打开"转换为元件"对话框，设置名称为"GD"，类型为"影片剪辑"，对齐为元件中心，如图10-52所示。

图10-51　输入文本

图10-52　"转换为元件"对话框

（6）在第2帧和第10帧处插入关键帧，并创建传统补间动画，将第2帧中的元件缩小到30%，第10帧中的元件放大到130%，制作文字放大的效果，然后将第1帧中的元件删除，如图10-53所示。

（7）新建"图层2"，在第2帧处插入关键帧，从"库"面板中将"老鼠-1.png"图像拖动到舞台中，缩小到25%，然后放在"GOOD"文本下方，如图10-54所示。

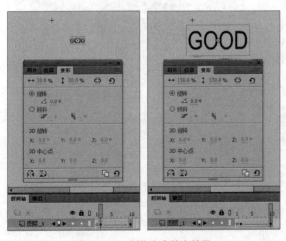

图10-53　制作文字放大效果

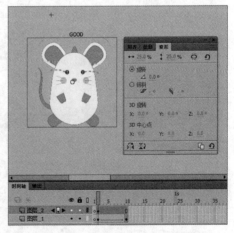

图10-54　添加"老鼠-1.png"图像

（8）新建"图层3"，在第1帧中输入以下脚本。

```
02   this.stop();。
```

（9）新建一个"老鼠"影片剪辑元件，进入元件编辑窗口。从"库"面板中拖动"老鼠-1.png"图像到舞台中，缩小到25%，如图10-55所示。

（10）新建一个"老鼠动画"影片剪辑元件，从"库"面板中将"老鼠"元件移动到舞台中，设置实例名称为"ls"。在第12帧和第24帧处插入属性关键帧，并创建传统补间动画，如图10-56所示。

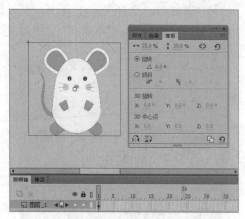

图10-55 编辑老鼠元件

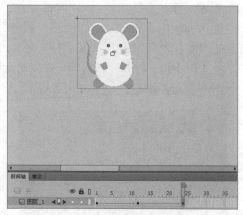

图10-56 编辑老鼠动画元件

（11）选择第12帧，将"老鼠"元件向下移动，制作老鼠上下移动的效果，如图10-57所示。

（12）新建"图层2"，使用椭圆工具  在舞台上绘制一个正圆，将第1帧中的"老鼠"元件完全覆盖。在"图层2"上单击鼠标右键，在弹出的快捷菜单中选择"遮罩层"命令。将"图层2"转换为遮罩图层，将"图层1"转换为被遮罩图层，如图10-58所示。

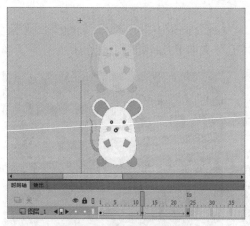

图10-57 制作上下移动效果

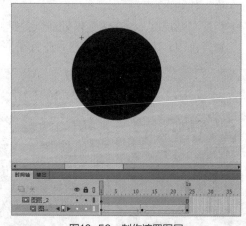

图10-58 制作遮罩图层

（13）新建"图层3"，选择第1帧。从"库"面板中将"GOOD"元件移动到老鼠图像上方。选择"图层3"中的元件，在"属性"面板中设置"实例名称"为"gdmc"，如图10-59所示。

（14）新建"图层4"，选择第1帧，在"动作"面板中输入以下脚本。

```
01  if (!this.hasEventListener("tick", onTick)) {
02      this.addEventListener("tick", onTick.bind(this));
03      function onTick() {
04          if (Math.random() < 200/(tms+1)*0.005) {
05              this.play();
06              this.removeEventListener("tick", onTick);
```

```
07              }
08          }
09      }
10      if (!this.ls.hasEventListener("mousedown", good)) {
11          this.ls.addEventListener("mousedown", good.bind(this));
12          function good() {
13              this.gdmc.play();
14              this.gotoAndStop(11);
15              score = score + 10;
16          }
17      }
```

（15）在第12帧处插入关键帧，选择第12帧。打开"动作"面板，在其中输入以下脚本。

```
01  this.stop();
02  _this=this;
03  var interval2=setInterval(run2,500);
04  function run2() {
05      if (Math.random()<200/(tms+1)*0.001) {
06          _this.play();
07          clearInterval(interval2);
08      }
09  }
```

（16）在第24帧处插入关键帧，选择第24帧。打开"动作"面板，在其中输入以下脚本。

```
01  this.gotoAndStop(0);
```

（17）新建一个"开始"影片剪辑元件，进入元件编辑窗口。选择文本工具 T ，在"属性"
      面板中设置"系列、大小、颜色"分别为"微软雅黑、40.0磅、#FFFFFF"，在舞台
      中输入"开始游戏"文本，如图10-60所示。

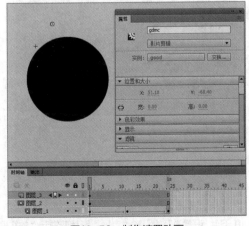

图10-59　制作遮罩动画

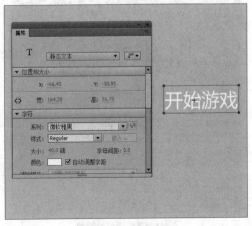

图10-60　输入文本

（18）新建一个"再来一次"按钮元件。使用基本矩形工具▣在舞台中拖曳鼠标绘制一个矩形，在"属性"面板中设置"填充颜色"为"#FF9933"，"矩形边角半径"都为"10.00"，如图10-61所示。

（19）按两次【F6】键，插入两个关键帧，修改"指针经过"帧和"按下"帧中的矩形的填充色为"#66CCCC"。新建"图层2"，在矩形图形中输入"再来一次"文本，如图10-62所示。

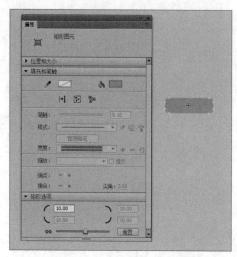

图10-61　制作"再来一次"元件

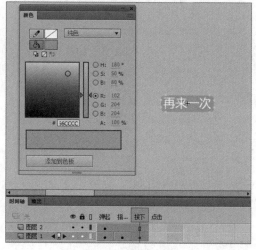

图10-62　输入文本

（20）返回主场景，选择所有图层的第3帧，按【F5】键插入帧。新建一个图层，选择第1~3帧，按【F6】键，插入3个关键帧。选择第1帧，将"开始""老鼠"影片剪辑元件添加到舞台中，如图10-63所示。

（21）设置"开始"影片剪辑元件的实例名称为"ks"，"老鼠"影片剪辑元件的实例名称为"ls"，如图10-64所示。

图10-63　插入关键帧

图10-64　设置"开始"和"老鼠"影片剪辑元件的实例名称

（22）使用文本工具 T 在舞台中输入"打地鼠"文本，设置"系列、大小和颜色"分别为"方正品尚粗黑简体、96.0磅、#ffffff"，如图10-65所示。

（23）将文本转换为"标题"影片剪辑元件，然后添加"投影"滤镜，如图10-66所示。

图10-65　设置文本属性

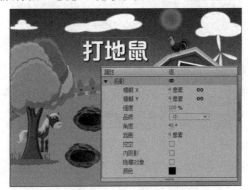

图10-66　制作"标题"影片剪辑元件

（24）新建一个图层，将"榔头动画"添加到舞台中，并设置实例名称为"ltdh"，如图10-67所示。

（25）选择"图层6"的第2帧，添加6个"老鼠动画"影片剪辑元件到舞台中，并设置实例名称分别为"ls1""ls2""ls3""ls4""ls5""ls6"，如图10-68所示。

图10-67　添加"榔头动画"影片剪辑元件

图10-68　添加"老鼠动画"影片剪辑元件

（26）使用矩形工具 ，在舞台上方绘制一个矩形，设置填充颜色为"#FFFFFF"，Alpha为"50%"，如图10-69所示。

（27）使用文本工具 T ，在舞台上方输入"时间："和"得分："两个文本，设置"系列、大小和颜色"分别为"方正准圆简体、22.0磅、#000000"，如图10-70所示。

（28）使用文本工具 T 在"时间："文本后绘制一个文本框，设置类型为"动态文本"，"系列、大小和颜色"分别为"黑体、14.0磅、#FFFFFF"，实例名称为"txttm"，如图10-71所示。

图10-69　绘制矩形

图10-70　输入文本

（29）使用文本工具 T 在"得分："文本后绘制一个文本框，设置类型为"动态文本"，"系列、大小和颜色"分别为"黑体、14.0磅、#FFFFFF"，实例名称为"txtsc"，如图10-72所示。

图10-71　为"时间："添加动态文本框

图10-72　为"得分："添加动态文本框

（30）选择"图层6"的第3帧，使用基本矩形工具 □ 绘制一个矩形，设置填充颜色为"#FFFFFF"，Alpha为"70%"，效果如图10-73所示。

（31）使用文本工具 T 在绘制的矩形上输入"游戏结束"文本，设置"系列、大小、颜色"分别为"黑体、68.0磅、#FF6600"。使用文本工具 T 输入"得分："文本，设置"系列、大小、颜色"分别为"黑体、44.0磅、#000000"，效果如图10-74所示。

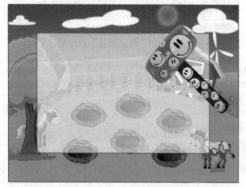

图10-73　绘制矩形

图10-74　输入文本

（32）使用文本工具 T 在"得分："文本后，输入"100"文本，设置类型为"动态文本"，"系列、大小和颜色"分别为"黑体、44.0磅、#000000"，实例名称为"txtsc"，如图10-75所示。将其转换为影片剪辑元件，并设置实例名称为"txtmc"。

（33）从"库"面板中拖动"再来一次"按钮元件到舞台中，设置实例名称为"replay"，如图10-76所示。

图10-75　输入文本

图10-76　添加"再来一次"按钮元件

（三）编辑交互式脚本

将元件和动画关键帧编辑完成后，就可以开始编辑交互式脚本。脚本编辑完成后，游戏就能正常运行了，具体操作如下。

微课视频

编辑交互式脚本

（1）新建一个图层，选择第1~3帧，按【F6】键插入3个关键帧，选择第1帧。在"动作"面板中输入以下脚本。

```
01   this.stop();
02   this.ks.visible=false;
03   stage.canvas.style.cursor = "none";
04   this.ltdh.mouseEnabled = false;
05   this.addEventListener("tick", fl_CustomMouseCursor.bind(this));
06   function fl_CustomMouseCursor() {
07       this.ltdh.x = stage.mouseX+150;
08       this.ltdh.y = stage.mouseY-100;
09   }
10   this.addEventListener("mousedown", msdown.bind(this));
11   function msdown(evt){
12       this.ltdh.play();
13   }
14   this.ls.addEventListener("mouseover",moverds.bind(this));
15   function moverds(evt) {
16       this.ks.visible=true;
17   }
18   this.ls.addEventListener("mouseout",moutds.bind(this));
19   function moutds(evt) {
```

```
20      this.ks.visible=false;
21  }
22  this.ls.addEventListener("mousedown",mdownds.bind(this));
23  function mdownds(evt) {
24      this.ls.removeEventListener("mousedown",mdownds);
25      this.play();
26  }
```

（2）选择第2帧，在"动作"面板中输入以下脚本。

```
01  this.stop();
02  var _this=this
03  var intime = setInterval(gmplay,100);
04  function gmplay(){
05      tms--;
06      _this.txttm.text = Math.round(tms/10);
07      _this.txtsc.text = score;
08      if (tms <= 0)
09      {
10          clearInterval(intime);
11          _this.play();
12      }
13  }
```

（3）选择第3帧，在"动作"面板中输入以下脚本。

```
01  this.stop();
02  this.txtmc.txtdf.text = score;
03  this.replay.addEventListener("mousedown", rplay.bind(this));
04  function rplay() {
05      tms=200;
06      score = 0;
07      this.play();
08  }
```

（4）在"动作"面板的全局脚本中输入以下脚本。

```
01  var score=0;
02  var time=20;
03  var tms=time*10;
```

（四）测试和发布动画

　　制作完游戏后，需要测试动画，特别需要测试脚本是否正确，测试通过后，就可以发布游戏了，具体操作如下。

（1）按【Ctrl+Enter】组合键测试动画。

（2）选择【文件】/【发布设置】菜单命令，打开"发布设置"对话框，在"基本"选项卡中选中"舞台居中"复选框，并在其后的下拉列表框中选择"两者"选项，选中"使得可响应"复选框，并在其后的下拉列表框中选择"两者"选项，如图10-77所示。

微课视频

测试和发布动画

（3）单击"Sprite表"选项卡，在"格式"栏中选中"PNG"单选项，设置PNG的品质为"32位"，如图10-78所示，单击"确定"按钮。

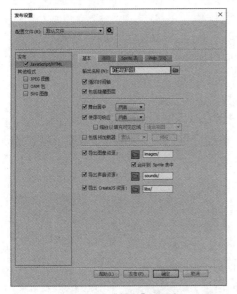

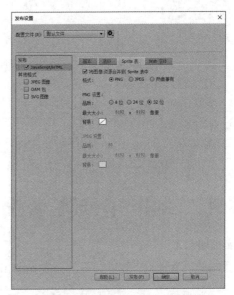

图10-77 "基本"选项卡   图10-78 "Sprite表"选项卡

（4）按【Ctrl+S】组合键保存文件，完成本任务的制作。

实训一 制作"童年"MV

【实训要求】

制作"童年"MV，要求MV的风格充满童趣，但不要过多地使用元素，还应当注意配色，使MV具有画面感。本实训的参考效果如图10-79所示。

微课视频

效果预览

图10-79 制作"童年"MV

制作"童年"MTV

素材所在位置　素材文件\项目十\实训一\女孩1.jpg、女孩2.jpg、女孩3.jpg
效果所在位置　效果文件\项目十\实训一\童年.fla

【步骤提示】

（1）搜集制作MV需要的资料。认真搜集与童年相关的图片，构思好MV的制作方案和步骤。

（2）制作飞鸟动画。新建影片剪辑元件，利用引导层制作飞鸟运动动画。

（3）在影片剪辑元件中使用任意变形工具▦制作眨眼动画。

（4）制作叶子飘动动画。在影片剪辑元件中通过引导层制作叶子飘落动画，注意为飘动的叶子添加旋转等属性。

（5）新建两个按钮元件，分别制作"开始"按钮和"重新开始"按钮。

（6）制作歌词动画。返回场景，添加场景动画，然后新建图层，在其中添加歌词。

（7）添加背景音乐，将"开始"和"重新开始"按钮分别放置在第1帧和最后一帧，添加相应的控制脚本。

实训二　制作"青蛙跳"游戏

【实训要求】

制作"青蛙跳"游戏，最终效果如图10-80所示。

效果预览

图10-80　"青蛙跳"游戏

素材所在位置　素材文件\项目十\实训二\青蛙跳.fla
效果所在位置　效果文件\项目十\实训二\青蛙跳游戏.fla

【步骤提示】

（1）搜集游戏资料。认真查找关于游戏的相关资料，查看类似的游戏产品，总结特点，构思游戏方案。

（2）制作按钮元件。新建按钮元件，创建"重新开始"按钮。

（3）制作影片剪辑元件。通过提供的图形元件，在影片剪辑元件中创建青蛙跳动的动画。

制作"青蛙跳"游戏

（4）添加脚本语句。返回场景，新建图层，在不同的图层中放置不同的素材，然后新建脚本图层，在其中输入脚本语句。

课后练习

（1）本练习将制作"龟兔赛跑"动画文件，首先启动Animate，使用绘图工具绘制乌龟和兔子的各种形象，然后通过绘图工具绘制短片中需要使用到的3个场景。绘制完成后，在场景中加入乌龟和兔子的卡通形象，并制作补间动画，完成后的最终效果如图10-81所示。

图10-81　龟兔赛跑

 效果所在位置　效果文件\项目十\课后练习\龟兔赛跑.fla

（2）制作汽车广告，完成后的最终效果如图10-82所示。

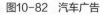

图10-82　汽车广告

素材所在位置	效果文件\项目十\课后练习\汽车图形.png、人物.png、底图.png、翠绿.png、大红.png、蓝色.png、玫瑰红.png、浅黄.png、深红.png、土黄.png
效果所在位置	效果文件\项目十\课后练习\汽车广告.fla

技巧提升

问：测试时出现"AdobeAn is not defined"错误，是什么原因？

答：AdobeAn是Animate的基础对象，如果出现这个错误，说明整个AdobeAn对象都还没有建立，通常情况下是脚本出现了语法错误。图10-83所示是一个"Unexpected token ':'"（意外的符号":"）的语法错误造成了代码终止运行，没有建立AdobeAn对象，从而出现"AdobeAn is not defined"错误。

```
⊗ Uncaught SyntaxError: Unexpected token ':'
⊗ Uncaught ReferenceError: AdobeAn is not defined
       at init (汽车广告.html?17003:32)
       at onload (汽车广告.html?17003:105)
```

图10-83 "AdobeAn is not defined"错误

问：动态文本有时会出现"Cannot set property '×××' of undefined"错误，但实例名称是正确的，是什么原因？

答：这个错误的意思是"不能为未定义的对象设置某个属性"，通常情况下是未设置实例名称或实例名称与脚本中的不一致造成的。

另外，在同一个图层中的不同帧中存在实例名称不同的动态文本框时，如果通过脚本程序设置靠后的帧中的动态文本框的属性，也会出现该错误。这可能是Animate CC 2018的一个BUG。解决方法是，将这些动态文本框放置在不同的图层或者将动态文本框转换为影片剪辑元件。

问：发布后发现一些位图没有显示出来，是什么原因？

答：位图分离后，再发布会无法显示，如果没有必要就不要分离位图，如果必须对位图进行分离并编辑，就需要在编辑完成后的图形上单击鼠标右键，在弹出的快捷菜单中选择"转换为位图"命令，将其转换为位图后即可正常显示。

问：为透明的影片剪辑添加鼠标事件，却没有反应，应该怎么解决？

答：有时需要在动画中添加一个热区，即用一个完全透明的图形作为鼠标的操作区域。通常情况下，可以将影片剪辑中图形填充颜色的Alpha设置为0%，或是将视频剪辑元件的Alpha设置为0%。但这样设置发布后，鼠标的操作完全没有反应。

解决方法有两种：一种是将Alpha设置为1%；另一种是使用按钮元件，将按钮元件的"弹起""指针经过""按下"帧设置为空白帧，在"按下"帧中绘制鼠标操作区域的图形。使用按钮元件的好处是，当鼠标指针经过操作区域时，鼠标指针会自动变为🖑形状。